Johannes Edmind Hubler

Die Oberschenkelbrüche und ihre Behandlungsmethoden

Inaugural-Dissertation zur Erlangung der Doktorwürde

Johannes Edmind Hubler

Die Oberschenkelbrüche und ihre Behandlungsmethoden
Inaugural-Dissertation zur Erlangung der Doktorwürde

ISBN/EAN: 9783743343924

Hergestellt in Europa, USA, Kanada, Australien, Japan

Cover: Foto ©berggeist007 / pixelio.de

Manufactured and distributed by brebook publishing software
(www.brebook.com)

Johannes Edmind Hubler

Die Oberschenkelbrüche und ihre Behandlungsmethoden

Die

Oberschenkelbrüche

und ihre Behandlungsmethoden

mit

besonderer Berücksichtigung der Schenkelhalsbrüche.

Inaugural-Dissertation

der medizinischen Facultät zu Jena

zur Erlangung der Doctorwürde

in der

Medizin, Chirurgie und Geburtshülfe

vorgelegt von

Johannes Edmund Hübler

pract. Arzt

aus Altenburg.

Altenburg.

Druck von Richard Hiller.

Genehmigt von der medicinischen Facultät auf Antrag des Herrn Hofrat Prof. Dr. Riedel.

Jena, den 2$\underline{\text{ten}}$ Juli 1895.

Prof. Dr. Wagenmann,
d. Z. Decan.

Das grosse Interesse, welches von jeher die Behandlung der Oberschenkelfracturen sowohl bei den Chirurgen vom Fach als auch bei den practischen Aerzten beansprucht hat, ferner der Umstand, dass die Therapie dieses Bruches gerade in der letzten Zeit wieder Gegenstand zahlreicher Discussionen in der medizinischen Tageslitteratur geworden ist, lässt es wohl gerechtfertigt erscheinen, in folgenden Zeilen etwas näher auf die verschiedenen therapeutischen Massregeln und die geschichtliche Entwicklung der Therapie der Oberschenkelfracturen einzugehen.

Schon die Statistik beweist, welch' wichtige Stellung die Oberschenkelbrüche in der Lehre von den Fracturen einnehmen.

Sie machen nach v. Bardeleben über 6%, nach König 12.5%, nach Hüter 11.83% sämmtlicher Knochenbrüche aus.

Eine Zusammenstellung aus der älteren Litteratur ergiebt folgende Zahlen:

Autor und Jahr	Zahl der beobachteten Knochenbrüche	Zahl der beobachteten Oberschenkelbrüche	In Procenten
Malgaigne	2328	308	13,2
Gurlt 1825—62	4310	510	14,2
Middeldorpf 1838	325	25	7,7
Wallace 1838	1810	291	16,0
Norris 1841	1441	195	13,5
Lente 1851	1772	280	16,0
Matiejowsky 1857	1086	199	18,0
Lonsdale 1857	1901	181	9,5
Blasius 1857	778	97	12,4
Bruns 1830—80	8564	1086	12,6

Nimmt man das arithmetische Mittel aus obiger Tabelle, so findet man, dass die Oberschenkelfracturen 13,3 % aller Knochenbrüche betragen.

Was nun die Bruchstelle betrifft, so macht der Oberschenkel gegenüberden anderen langen Röhrenknochen, die gewöhnlich in ihrem unteren Drittel brechen, eine Ausnahme. Denn, wie schon Samuel Cooper bemerkt, findet der Bruch des Femur am häufigsten in dem mittleren Drittel statt.

Und zwar liegt hier nach Hamiltons Ansicht die Praedilectionsstelle etwas oberhalb der Mitte des Schaftes, nach König jedoch etwas unterhalb derselben.

1*

Ueber die Häufigkeit des Bruches an den verschiedenen Stellen des Knochens giebt die Statistik folgende Aufschlüsse. Es kommen von hundert Oberschenkelfracturen auf das

	obere	mittlere	untere	Drittel
nach Malgaigne	31,2	67,2	1,6	
„ Bruns	21,2		78,8	
„ J. E. Heyde	31,4	55,9	12,5	
„ Hamilton	40,4	43,0	16,3	

Nach v. Bardeleben verhalten sich die Fracturen in den verschiedenen Dritteln wie 20 : 40 : 1.

Die auffallende statistische Differenz in Bezug auf die Häufigkeit der Brüche im unteren Drittel erklärt sich zum Teil aus der verschiedenen Auffassungsweise der einzelnen Autoren. So führt Malgaigne unter 308 Oberschenkelfracturen nur 5 im unteren Drittel an, welche er ausdrücklich als „Kniebrüche", Brüche der Condylen bezeichnet.

Von besonderem Interesse, sowohl in statistischer und prognostischer, als auch in therapeutischer Hinsicht sind die Brüche im oberen Drittel des Femur. Sie zerfallen in Brüche des obersten Schaftteiles und in Schenkelhalsbrüche, die teils extra-, teils intracapsulär, teils als Mischformen aus beiden Arten vorkommen. Ferner gehören hierher die von A. Cooper zuerst näher beschriebene aber äusserst selten vorkommende Fractur durch die Basis des Trochanter major und die Epiphysenlösung am Kopf des Schenkelhalses.

Ueber die Häufigkeit der intra- resp. extracapsulären Schenkelhalsbrüche finden wir in den Statistiken der verschiedenen Beobachter fast ebenso verschiedene Ansichten. A. Cooper, der sich besonders um die Differentialdiagnose beider Brucharten verdient gemacht hat, fand die intracapsulären in der Mehrheit.

Malgaigne zählte unter 103 anatomischen Präparaten 61 intra- und 42 extracapsuläre Fracturen.

Nélaton hingegen beobachtete mehr extra- als intracapsuläre Brüche, und Bonnet behauptete, dass erstere die bei weitem grössere Mehrzahl bilden.

Neuere Statistiker fanden mehr intracapsuläre Brüche. So befinden sich in der oben angeführten Statistik von Heyde unter 95 Brüchen des oberen Drittels 61 Schenkelhalsfracturen; unter diesen sind 17 intracapsulär und 14 extracapsulär, während bei dem Rest eine nähere Angabe fehlt.

Auch Hamilton verzeichnete unter 40 Fällen 16 intra- und nur 13 extracapsuläre; 11 waren nicht genauer analysirt.

Diese Widersprüche erklären sich aus der grossen Schwierigkeit, ja öfteren Unmöglichkeit einer durchaus sicheren Diagnose dieser beiden Bruchformen am Lebenden. Ja, nicht einmal die bei Sectionen gewonnenen Ergebnisse sind immer einwurfsfrei; denn unregelmässige Callusbildung, osteomalacische, rhachitische Vorgänge, sowie Resorption der Knochensubstanz tragen dazu bei, die ursprüngliche Fracturlinie so zu verändern, dass die Entscheidung ob extra- oder intracapsulär auch an der Leiche noch oft eine unsichere wird.

Die Statistik giebt uns ferner interessante Aufschlüsse über die Beziehung der verschiedenen Lebensalter zu den einzelnen Arten der Oberschenkelfracturen. Während die Fractura colli in der Regel ältere Leute betrifft, sind die Diaphysenbrüche bei Kindern und den mittleren Lebensaltern ein ganz häufiges Ereigniss.

Nach einer Statistik von Heyde verteilen sich 61 Schenkelhalsbrüche folgendermassen auf die verschiedenen Altersklassen:

10—20 Jahr	2	50—60 Jahr	14
20—30 „	5	60—70 „	15
30—40 „	9	70—80 „	7
40—50 „	8	80—90 „	1

Nach Gurlt kommen auf das Alter von 1—10 Jahren 59 Brüche des mittleren und unteren Drittels, während dieselbe Statistik für dieses Alter gar keinen Schenkelhalsbruch verzeichnet. Hingegen befanden sich nach demselben Autor unter 23 Femurfracturen im Alter von 50—60 Jahren 16 Schenkelhalsbrüche.

Zu ähnlichen Resultaten gelangt Bruns; er fand unter 140 Oberschenkelbrüchen im Alter von 1—10 Jahren 139, die sich auf das untere und mittlere Drittel bezogen und nur einen Schenkelhalsbruch. Im Alter von 50—60 Jahren stellte sich das Verhältniss zwischen Collum und dem übrigen Femur wie 38:35 und bei 70—80 Jahren wie 46:13.

Wir sehen also, dass die Häufigkeit der Schenkelhalsbrüche mit dem zunehmenden Alter wächst.

Wenn wir nach dem Grund dieser auffallenden Erscheinung fragen, so ergiebt sich, dass bei den Schenkelhalsbrüchen mehrere praedisponirende Momente eine grosse Rolle spielen. Die erhöhte Frequenz beruht zum grössten Teil auf einer Veränderung der anatomischen Structur des Collum femoris im höheren Alter. Im früheren Kindesalter bietet der weiche, gefässreiche Schenkelhals eine noch fast undifferenzirte Structur der Spongiosa und eine ziemlich gleichmässig dicke Corticalis dar. Durch die Belastung beim Stehen und Gehen gewinnt letztere an Mächtigkeit, während sich die Spongiosa nach den statischen Gesetzen der Zug- und Druckkurven zu einem festen tragfähigen Balkenwerke entwickelt. Zur Verstärkung der Spongiosa entsendet die Compacta vom oberen Rande des Trochanter major schräg nach vorn und unten einen mächtigen Fortsatz, das Calcar femorale, dessen seitliche Ausstrahlungen sich in dem spongiösen Balkenwerke am Trochanter minor verlieren. Dieser Schenkelhalssporn bezeichnet die Stelle des Femur, welche bei der Belastung durch den Rumpf den grössten Druck aus-zuhalten hat. Merkel wies nun nach, dass diese, von Bigelow schon früher als Septum femorale beschriebene, starke Stütze des Ober-schenkels im Alter fast vollkommen verschwindet. Nimmt man hierzu noch den mit der Altersinvolution einhergehenden Schwund der Spongiosa und die erhöhte Brüchigkeit des Knochens infolge der Ablagerung von Kalksalzen, so erklärt sich schon hieraus die ge-steigerte Frequenz der Schenkelhalsbrüche im Alter. Weiter aber wird durch die Resorption der Knochensubstanz eine Veränderung des Winkels herbeigeführt, den die Diaphyse mit dem Collum bildet. Im Mannesalter beträgt dieser Winkel ca 130°, später aber nähert er sich mehr einem R, was beim Weibe in den mittleren Jahren schon normaler Weise der Fall ist. Durch diese Winkelveränderung wird das Verhältniss zwischen äusserer Gewalteinwirkung und dem inneren Widerstand des Schenkelhalses zu Ungunsten des letzteren verschoben.

Aus letzterem Umstand erklärt sich auch das häufigere Vor-kommen der Schenkelhalsbrüche bei Greisinnen. Denn während im Jugendalter beide Geschlechter gleichmässig von Schenkelfracturen überhaupt betroffen werden und in den mittleren Jahren die Männer ein bedeutend grösseres Contingent stellen, gestaltet sich das Ver-hältniss im Alter von 51—60 Jahren wie 6:17. Wobei wohl zu beachten ist, dass sich unter den 17 Oberschenkelfracturen beim weiblichen Geschlecht nicht weniger als 14 Schenkelhalsbrüche befinden.

Ueber die Prognose der Oberschenkelbrüche lauten die Urteile der einzelnen Autoren um so ungünstiger, je weiter wir in der medizinischen Litteratur zurückgehen.

Hippokrates macht die Prognose nur vom Alter und der Constitution des Patienten abhängig, hält es aber nicht für möglich durch Binden und Schienen die Bruchenden zu fixiren und eine leidliche Heilung zu erzielen. Ja, er kommt zu der Ansicht: „Es wäre daher für Einen, dem eine schlechte Heilung bevorsteht, bei-nahe besser, wenn er beide Oberschenkel, als wenn er nur einen gebrochen, da so durch die beiderseitige Verkürzung nach der Heilung wenigstens das Gleichgewicht des Körpers nicht gestört werde."

Celsus erweitert die Ansicht des Hippokrates, indem er die Prog-nose vom Sitz und Art des Bruches abhängig macht. Er sagt: „Die Oberschenkelbrüche sind ungefährlich in der Mitte des Knochens. Je näher am oberen oder unteren Ende, desto schlimmer ist es; denn die Schmerzen sind heftiger und der Bruch heilt schlechter. Ein unvollkommener Bruch ist ungefährlich, misslicher ein Querbruch, am ungünstigsten aber ein Schrägbruch, da die Enden hier spitz sind und sich leicht verschieben. Daher soll man wissen, dass bei einem Schenkelbruche das Bein stets kürzer wird, weil die Bruchstücke nie in ihre vorige Stellung zurückkehren, so dass der Patient später immer mit der Fussspitze auftritt."

Galen (159 p. Chr.) vertritt die Ansicht des Celsus ebenfalls und führt die mangelhafte Heilung der Schenkelbrüche im Alter auf unzureichende Callusbildung zurück.

Ca. 900 Jahre später erklärt der arabische Arzt Avicenna, dessen „Canon" für die nächsten 4 Jahrhunderte massgebend blieb, dass kaum jemals eine Heilung von Oberschenkelbrüchen ohne Hinken vorkomme. Ebenso hält sein Landsmann Albukasis die Prognose für ungünstig.

Guido de Cauliaco, einer der wenigen älteren Aerzte, die Celsus citiren, folgt in der Mitte des 14. Jahrhunderts noch ganz dessen Ansicht.

Hieronymus von Braunschweig, schreibt in seinem „Buch der chirurgia" 1497: „Der Bruch bei den Gleichen (Schenkeln), der ist schwer zu binden, denn man mag ihn mit wollenen Binden verbinden, so bleibt doch trotzdem oft schwere Bewegung und Hörtigkeit zurück."

Paré, der Vater der französischen Chirurgie, berichtet um 1570 zum ersten Male über die gelungene Heilung eines Schenkelhalsbruches bei einer Matrone, doch, wie Hildanus hinzufügt: „Sed hoc relut rarum et inauditum — nec immerito.

Wilhelm Fabry (Hildanus) selbst hat Brüche über dem Knie und in der Diaphyse — laus sit deo — ohne Hinken heilen sehen, doch Brüche des Schenkelhalses sind nach seiner Ansicht ohne nachbleibendes Hinken kaum heilbar.

Auch Scultetus (1600) fordert auf, bei einem Schenkelbruch niemals eine vollkommene Heilung zu versprechen, sondern den Patienten gleich anfangs mit grosser Bestimmtheit darauf aufmerksam zu machen, dass er möglicher Weise für immer lahm bleiben werde.

In seiner 1718 erschienenen Chirurgie lehrt Laurentius Heister, dass nach Schiefbrüchen des Schaftes oft Verkürzung zurückbleibe, die auch der beste Chirurg nicht immer verhindern könne. Ein Schenkelhalsbruch aber habe fast regelmässig Verkürzung und Functionsstörung im Gefolge.

Ende des 18. Jahrhunderts nahm die Lehre von den Fracturen einen neuen Aufschwung. Die alte Lehre des Galen vom „Beinnarbensaft" wurde durch Duhamel, Camper, Haller und Dupuytren gestürzt. Die Resultate der aufblühenden pathologischen Anatomie wurden verwertet, und man begann jetzt die Prognose der Oberschenkelfracturen genauer zu differenziren. Unter dem Einfluss der Pottschen Therapie einerseits und der mannichfachen Extensionsapparate trat in der Prognosenstellung ein ziemlicher Optimismus zu Tage, der besonders von den einzelnen Erfindern neuer Behandlungsmethoden gefördert wurde, aber stets in den mahnenden Stimmen objectiver Beobachter seine heftigen Gegner fand.

Pott, Desault und Brünninghausen machten für die schlechten therapeutischen Erfolge allein die bisherigen Behandlungsmethoden

verantwortlich und glaubten mit ihren Apparaten alle Oberschenkelbrüche ohne Verkürzung heilen zu können.
Velpeau erklärt bei der Besprechung der verschiedenen Apparate:
„Die meisten derselben vermögen die Verkürzung nicht zu verhüten, erzeugen Druckbrand, Anchylose und schwere Circulations-
störung. Das ist der Preis, mit dem man gewöhnlich die Anwendung
dieser complicirten Apparate bezahlt, und eine Verkürzung von
$1/_4$—$3/_4$ Zoll wird durch dieselben doch nicht vermieden.“
Malgaigne tritt Desaults Ansicht entgegen und giebt die Möglichkeit einer vollkommenen Heilung nur für zwei Fälle zu. Erstens,
wenn die Bruchenden nicht verschoben und von vornherein keine
Verkürzung vorhanden gewesen, und zweitens, wenn die verschobenen
Stücke wieder in Berührung gebracht werden können, und die
gezahnten Enden die Lage der Bruchstücke sichern.
John Bell meint um 1800: „Die Maschine, durch die der Bruch
des Oberschenkels vollständig curirt werden kann, ist noch nicht
erfunden.“
Boyer (1803) empfiehlt sofort am ersten Tage auf die Möglichkeit einer zurückbleibenden Verkürzung aufmerksam zu machen.
Nur bei Säuglingen hält er eine *Restitutio ad integrum* für möglich.
Dzondi (1824) hingegen stellt die Prognose für alle Oberschenkelbrüche günstig. Ueber den Schenkelhalsbruch sagt er:
„Die Prognose ist günstig, wenn der Bruch zweckmässig behandelt
wird, und der Organismus übrigens gesund ist. Die Heilung geschieht
allemal, selbst wenn der Bruch innerhalb der Kapsel stattfindet“
A. L. Richter erklärt 1833 in seinem Lehrbuche: „Bei Schrägbrüchen hat man zum Teil an der Wiederherstellung der gehöriger
Länge des Gliedes gezweifelt.“ Die Prognose der Fractura coll:
stellt er in Bezug auf die Wiederherstellung der Function des
Gliedes auf ungünstig. Am ungünstigsten beurteilt er die Brüche
in der Nähe des Kniegelenkes. Je nach dem Grad der Mitbeteiligung
der Gelenkhöhle durch Contusion, Bluterguss oder Eröffnung hält
er die Prognose für mehr oder weniger infaust.
Ravoth (1852) stellt die Prognose bei Oberschenkelbrüchen
mit Rücksicht auf die Nähe des Gelenkes bedenklich. Doch wenn
keine Eröffnung des Gelenkes stattgefunden, so dürfe man hoffen
dasselbe zu erhalten, oft aber trete Anchylose ein; ferner könne
durch Compression der Poplitea Gangrän entstehen. Er musste
unter 21 Brüchen in der oberen Kniegegend 3mal operiren. Zwei
Amputirte starben, die anderen Fälle heilten mit mehr oder weniger
Deformität.
Auch in der neuesten Zeit, trotz der vorzüglichen Behandlungsmethoden, muss die Prognose bei Oberschenkelbrüchen noch immer
als dubia hingestellt werden. So äusserte sich Beely (1876) in
einer Abhandlung über Gypshanfschienen: „Das Ideal, dem man
bei der Behandlung jeder Fractur nachstreben soll, einen dem nor-
malen vollständig gleichen Zustand herbei zu führen, ist, wenn

überhaupt, beim Oberschenkelbruch, leider nur in wenigen Fällen zu erreichen. In den meisten muss man sich begnügen, dem Kranken eine brauchbare Extremität zu erhalten.

In der „Deutschen Med. Wochenschrift" von 1869, S. 315, heisst es: „Trotz des grossen Fortschrittes durch die Einführung der Heftpflaster-Extension in die Behandlung der Oberschenkelbrüche, ist es noch nicht gelungen in ähnlicher Weise, wie bei anderen Röhrenknochenfracturen die ideale Heilung zu erzielen. Ja von einigen Seiten wird noch die ideale Vereinigung der Bruchstellen bei aufgehobenem Contact der Bruchflächen ganz und gar geleugnet. Da aber der Heilungsvorgang bei Oberschenkelfracturen genau so erfolgt wie bei anderen, so kann dieses Resultat nur an der bisherigen Behandlungsmethode liegen, welche eine correcte Coaptation und Retention der Fragmente nicht gestattet mit der Sicherheit und Genauigkeit, die nötig ist."

Ueber die Möglichkeit der knöchernen Vereinigung bei intracapsulären Schenkelhalsbrüchen entbrannte zu A. Coopers Zeiten ein heftiger Streit, der noch bis weit in unser Jahrhundert hinein ausgefochten wurde. Duverney, Cruveilhier, Colles, Lonsdale und B. Cooper läugneten das Vorkommen einer knöchernen Vereinigung gänzlich, während Dupuytren, Sabatier, Malgaigne und A. Cooper diese Möglichkeit wohl zugaben, aber eine bindegewebige Vereinigung mit mehr oder weniger Beweglichkeit für die Regel hielten.

Ravoth (1860) hält bei intracapsulären Brüchen mit Dislocation Nichtvereinigung für die Regel, Consolidation für die Ausnahme (wie 50 : 1). Sie tritt nur ein, wenn der fibröse Ueberzug nicht zerrissen ist, oder wenn Einkeilung besteht.

Pitha sagt: „Man muss es bei intracapsulären Brüchen alter Leute für günstig erachten, wenn die Fragmente durch eine mehr oder minder feste und kurze Bindegewebsmasse verbunden werden. Häufiger findet gar keine Vereinigung statt, die Fragmente schleifen sich vielmehr ab und bleiben atrophisch mehr oder weniger lose bei einander liegen. Extracapsuläre Brüche haben eine bessere Prognose. Verkürzung ist die Regel, und man muss sich glücklich schätzen, wenn sie nicht viel mehr als 1 Zoll beträgt. Schlimmer ist die oft zurückbleibende Rotation nach aussen."

Hamilton erklärt, dass wohl in fast allen Fällen von intra- und extracapsulären Fracturen eine Verkürzung von $\frac{1}{2}$—1 Zoll zurückbleibe. Eine Ausnahme könne nur dann vorkommen, wenn keine Einkeilung der Fragmente bestehe. „Wenn es nun, so fährt er fort, Heilkünstler giebt, die behaupten, alle Oberschenkelbrüche ohne Verkürzung heilen zu können, so zeigen sie eine Unkenntniss bestimmter Thatsachen."

Lossen, König, Albert halten bei Schenkelhalsbrüchen eine Heilung ohne Verkürzung nur dann für möglich, wenn primär keine vorhanden war.

Der Grund, warum intracapsuläre Brüche eine so ungünstige Prognose haben, liegt in der mangelhaften Ernährung des oberen Fragmentes. Der Kopf des Schenkelhalses erhält seine Ernährungsgefässe an einer Stelle, die etwas unterhalb der Mitte des Collum liegt, ferner ganz unbedeutende aus der retroflectirten Kapsel. Die Blutgefässe, welche ins *Lig. teres* eintreten, sollen nach Hüter gar nicht bis in den Schenkelkopf gelangen, sondern schlingenförmig umbiegend wieder zurücklaufen, haben also für die Ernährung des Kopffragmentes keine Bedeutung. Hierzu kommt noch die verringerte Reproductionsfähigkeit der Knochensubstanz bei älteren Leuten. Auch hat man die öfter vorkommende Zwischenlagerung von Periost oder Kapselfetzen und das Eindringen von Synovialflüssigkeit zwischen die Fragmente verantwortlich für die mangelhafte Callusbildung gemacht.

Der Standpunkt, den die heutigen Chirurgen in Bezug auf die Prognose der Schaftbrüche vertreten, lässt sich nach Hamilton in folgende Sätze zusammenfassen:

1. Bei schrägen Schaftbrüchen Erwachsener mit vollständiger Verschiebung der Fracturenden, besitzen wir noch keine Methode, welche eine absolut fehlerlose Heilung garantirt. Heilung ohne jegliche Verkürzung gehört zu den Ausnahmen.

2. Bei Kindern und Leuten unter 15 Jahren kann man unter gleichen Umständen eine Heilung mit kaum messbarer Verkürzung erwarten.

3. Querbrüche oder gezahnte Schrägbrüche Erwachsener, deren Enden vollständig verschoben waren, heilen gewöhnlich mit Verkürzung, da es fast nie gelingt, die Stücke in genaue Apposition zu bringen.

4. Nach allen Brüchen, deren Fragmente nie vollständig oder überhaupt nicht verschoben waren, darf man eine Heilung ohne Verkürzung erwarten.

Was endlich die Prognose *quoad vitam* betrifft, so musste sie bei den früheren Behandlungsmethoden, die dem Patienten keine freie Bewegung gestatteten und ihn oft mehrere Monate ans Bett fesselten, bei alten, decrepiden mit chronischen Bronchialcatarrhen oder Lungenemphysem behafteten Leuten auf schlecht gestellt werden.

Malgaigne zählt in einer Statistik von 95 Schenkelhalsbrüchen nicht weniger als 30 Tote. Der Exitus wurde meist durch hypostatische Pneumonie oder Sepsis, vom Decubitus ausgehend, herbeigeführt. Auch A. Cooper fand bei Schenkelhalsbrüchen, die mit andauernder Bettruhe behandelt wurden, eine so hohe Mortalitätsziffer, dass er riet, die Kranken möglichst bald auf Krücken umhergehen zu lassen, um so die Entstehung einer Pseudarthrose zu begünstigen und der Gefahr einer hypostatischen Pneumonie zu entgehen.

Ferner hat man öfter bei der Fractura femoris plötzliche Todesfälle durch Fettembolie in die Lunge oder Zerreissung der Arteria femoralis beobachtet. Dass complicirte Brüche in der Nähe des Kniegelenkes, durch primäre oder secundäre Ergüsse in dasselbe lebensgefährlich werden können, wurde schon oben erwähnt.

Die Symptome der Schaftfracturen sind dieselben wie bei allen Knochenbrüchen, nämlich Functionsbehinderung, fixer Schmerz, Bluterguss, Schwellung, abnorme Beweglichkeit der Bruchenden, Deformität und Crepitation. Die Formveränderung besteht in der Regel in Verkürzung und einer *Dislocatio ad peripheriam*, die sich als Rotation des Unterschenkels nach aussen zu erkennen giebt. Bei dem meist schrägen Verlauf der Bruchlinie kann die Verkürzung bis zu 12 cm betragen. Im oberen Drittel hat das proximale Ende starke Neigung sich, dem Zuge des Glut. med. und Iliopsoas nach aussen und vorn folgend, aufzurichten. Auch im mittleren Drittel herrscht die Dislocation nach aussen vor. Weiter nach abwärts finden wir mehr quer verlaufende Brüche mit geringeren Graden von Verkürzung und weniger Neigung nach der Seite abzuweichen. In der Kniegegend ist das untere Fragment manchmal durch den Zug des Gastrocnemius und Popliteus nach hinten gezogen und das obere steht vor ihm, oder das untere wird durch die mächtige Wirkung der Vasti in seiner Lage erhalten, während das obere in die Kniekehle tritt und hier wegen des Druckes auf Gefässe und Nerven sehr verderblich werden kann.

Bei Schaftbrüchen ist die Diagnose meist leicht, doch können starke Schwellung und kräftige Muskulatur, sowie das Fehlen einzelner Symptome bei unvollständigen, verzahnten, eingekeilten oder nicht verschobenen Brüchen grosse Schwierigkeiten bereiten. Bei Fracturen dicht über dem Kniegelenk kann dieser Mangel an objectiven Zeichen zur Verwechselung mit einer traumatischen Gelenkentzündung Anlass geben.

Das wesentlichste Symptom bei Schenkelhalsbrüchen beider Arten ist die Rotation der verletzten Extremität nach aussen. Es ist so typisch, dass oft schon aus seinem Vorhandensein allein die Diagnose gestellt werden kann. Cloquet vermisste es in einer Statistik von 60 Fällen kein einziges Mal. Merkwürdiger Weise haben selbst scharfe Beobachter wie Paré die Wichtigkeit dieses Symptomes nicht erkannt, ja bis zu Heisters Zeiten wird es überhaupt noch nicht erwähnt, und erst Ausgang des 18. Jahrhunderts hat besonders Brünninghausen auf seine Bedeutung aufmerksam gemacht. Die Aussenrotation kann kurz nach der Verletzung ziemlich gering sein. Ihr Extrem, wobei der Condylus externus und der Kleinzehenrand direkt auf der Unterlage ruhen, tritt gewöhnlich erst im Verlauf von 3—4 Stunden nach dem Trauma ein.

Schon Brünninghausen giebt für die Rotation nach aussen eine vollkommen befriedigende Erklärung. Erstens gewinnen bei aufgehobenem Contact des Schenkelhalses und des Caput femoris, die Aussenroller, der Pyramidalis, die Gemelli, die Obturatores und der Quadratus, die Oberhand über die schwachen Antagonisten und drehen das Glied nach aussen. Zweitens folgt, da die grösseren Fleisch- und Knochenmassen des Ober- und Unterschenkels nach aussen von der Medianlinie angeordnet sind, das untere Fragment sammt dem Unterschenkel dem Zug der Schwere und sinkt nach aussen.

Auch bei eingekeilten Fracturen ist die Aussenrotation in grösserem oder geringerem Grade fast stets vorhanden. Sie kommt hierbei dadurch zu Stande, dass die hintere Corticalis des Schenkelhalses dünner ist als die vordere, und infolge dessen z. B. bei Fall auf den Trochanter auch leichter einbricht als letztere, welche im Augenblick des Bruches etwas mehr Widerstand leistet, und so gleichsam einen Zapfen bildet, um den sich der Oberschenkel drehen kann, während die hintere Corticalis in die weiche Spongiosa des Trochanters eindringt und so die Aussenrotation fixirt. Dieser Mechanismus gilt auch für die Entstehung von intracapsulär eingekeilten Brüchen, nur das sich hier die hintere Seite des unteren Fragmentes in den Kopf einbohrt.

Die äusserst selten vorkommende Rotation nach innen erklärt sich wahrscheinlich dadurch, dass sich hierbei einmal die vordere Wand des Collums in den Trochanter einkeilt, indem das untere Fragment vor das Halsfragment zu liegen kam; doch wird man in anderen Fällen wohl auch die in umgekehrter Richtung erfolgende Gewalteinwirkung oder ausgedehnte Zertrümmerung des Halses zur Erklärung der Innenrotation heranziehen müssen.

Die Aussenrotation lässt sich natürlich durch active Muskelbewegung des Patienten nicht, aber sehr leicht durch passive Drehung nach innen beseitigen. Zum Unterschied von freibeweglichen Fragmenten hat aber diese Rotation nach aussen bei eingekeilten Brüchen immer etwas Starres.

Ebenso dreht sich der Trochanter major bei nicht eingekeilten Brüchen direct um seine Längsaxe, während er sich bei Einkeilung in einem Bogen bewegt, dessen Centrum in der Pfanne und dessen Radius der Schenkelhals ist. Wichtig aber für die Prognose ist es, diese Rotation nicht zu forciren, um etwa vorhandene Einkeilung nicht zu sprengen. Aus gleichem Grunde sind gewaltsame Manipulationen zur Erzeugung von Crepitation zu verwerfen.

Während s. Z. Larrey behauptete, dass das Glied bei intracapsulären Fracturen anfänglich stets verlängert sei, ergaben spätere methodisch durchgeführte Messungen, dass bei Brüchen des Schenkelhalses fast immer eine Verkürzung von einigen Millimetern bis zu 8 cm vorhanden sei. Dass trotzdem die Verkürzung kein constantes Symptom ist, ergiebt sich aus der pathologischen Anatomie. Sie kann fehlen bei unvollständigen Brüchen beider Arten, ferner bei erhaltener Integrität der Kapsel oder des Periostes mit Verzahnung der Fragmentenden und drittens bei zerrissener Kapsel mit Einkeilung des unteren Fragmentes in den Kopf, ein überaus häufiges Vorkommen.

Mitunter stellt sich erst nachträglich eine Verkürzung der Extremität ein; sei es nun, dass die Verzahnung, Einkeilung oder Apposition der Fragmente, durch Einwirkung von aussen, wie Gehversuche oder unvorsichtige Massregeln beim Transport oder Extension gelöst werden und nun das untere Fragment der Wirkung der mächtigen Flexoren ausgesetzt nach oben gleitet, sei es, dass nach Wochen der in der Gelenkkapsel zurückgebliebene Kopf resorbirt wird (Bardeleben, Richter) und das Halsfragment sich abschleift und der Femur so mehrere Centimeter an Länge einbüsst. Gerade diese erst im Verlauf der Behandlung eintretende Verkürzung ist ein specifisches Zeichen für intracapsuläre Brüche und wichtig zur Differentialdiagnose.

Im allgemeinen ist die Verkürzung bei intracapsulären Brüchen geringer als bei extracapsulären. Und nur in 2 Fällen wird sie bei ersteren mehr als 4—5 cm gleich anfangs betragen: erstens, wenn durch starke Gewalteinwirkung bei vollständig zerrissener Kapsel das untere Fragment stark nach oben dislocirt wird und zweitens bei vollkommener Zertrümmerung des Kopfes und Schenkelhalses. Aus alledem ergiebt sich, dass man den Grad der Verkürzung nicht mit Sicherheit zur Stellung der Differentialdiagnose zwischen extra- und intracapsulären Brüchen verwerten kann.

Die Crepitation ist natürlich nur bei freien Fragmentenden vorhanden. jedoch entzieht sie sich bei muskelstarken Leuten oder starker Schwellung auch hier noch oft unserer Wahrnehmung. Bei Fracturen innerhalb der Kapsel soll die Crepitation übrigens einen weicheren weniger rauhen Charakter haben als bei den extracapsulären.

Obwohl einzelne Fälle bekannt sind, bei denen Leute mit gebrochenem Schenkelhals noch eine ziemliche Strecke zu gehen im Stande waren, so ist doch die *Functio laesa* ein wesentliches Symtom dieser Fracturen und König sagt mit Recht: „Eine Spur von Verkürzung und Aussenrotation nach einem Fall auf die Hüften bei einem älteren Individuum, welches nach der Verletzung sogar noch einige Schritte gemacht haben kann, dann aber innerhalb der nächsten 8 Tage unvermögend bleibt, die Extremität zu gebrauchen, bedeutet sicher einen Schenkelhalsbruch."

Ausser den bisher angeführten differential-diagnostischen Symptomen für intra- und extracapsuläre Fracturen hat man noch eine ganze Reihe Erfahrungssätze aufgestellt, die aber in der Regel auch nicht über eine Wahrscheinlichkeitsdiagnose hinaushelfen. Uebrigens hat die genaue Stellung derselben infolge der Einführung neuerer Behandlungsmethoden viel von dem Einfluss verloren, den sie auf die Therapie besass. Als wichtigste Unterscheidungsmerkmale mögen folgende genannt werden: Die intracapsulären Brüche kommen fast nie bei Individuen unter 50 Jahren vor und werden bei Frauen häufiger angetroffen als bei Männern. Ferner werden sie gewöhnlich durch unbedeutende Gewalteinwirkung. wie Fall auf Fuss, Knie, Gesäss oder einfaches Ausgleiten herbeigeführt, während die extra-

capsulären meist durch Fall auf den Trochanter major bedingt sind.
Hieraus ergiebt sich, das bei letzteren die umgebenden Weichteile
gewöhnlich stärkere Contusionserscheinung, Schwellung, Sugillationen
und Schmerz zeigen als bei ersteren. Der Schmerz wird bei intracapsulären Fracturen von den Patienten in die tieferen Partieen
der Schenkelbeuge verlegt, bei extracapsulären wird er durch Druck
auf den Trochanter major stark gesteigert.

Die Therapie hat in der Hauptsache drei Indicationen zu erfüllen, nämlich die Reposition und Retention der Bruchenden und
die Verhütung übler Zufälle. Im Folgenden soll nun erörtert werden,
wie die verschiedenen Autoren den einzelnen Heilanzeigen bei Oberschenkelbrüchen gerecht zu werden suchten.

Ueber den Zeitpunkt der Reposition sind die Chirurgen lange
Zeit verschiedener Ansicht gewesen. Während die alten Aerzte
dem Princip des Hippokrates huldigten, die Einrichtung möglichst
sofort vorzunehmen, jedenfalls aber nicht länger als 3 Tage damit
zu warten, bürgerte sich trotz Paré und Potts Gegenbestrebung
die Meinung ein, man müsse das gebrochene Glied bis zum Verschwinden der entzündlichen Reaction an der Bruchstelle vollständig
in Ruhe lassen. Ja, Rust konnte noch im Anfang unseres Jahrhunderts den Satz aufstellen, dass zu einer Verrenkung ein Arzt
nicht zeitig, zu einem Bruch aber nicht spät genug kommen könne.
Diese Lehre fand eine gewisse Stütze in der Annahme, dass die
regenerativen Vorgänge zur Callusbildung nicht vor dem 7. Tag
begännen, man also ohne die Heilungsdauer zu beeinträchtigen das
Eintreten und Wiederverschwinden der Bruchgeschwulst abwarten
könne. Neuere Untersuchungen von Bonome aber haben gezeigt,
dass schon 24 Stunden nach der Fractur Capillarektasieen, Aus-
wanderung weisser Blutkörperchen und Kernteilungsfiguren auftreten.
Nach einigen Tagen aber finden wir schon Osteoblasten.

Wartet man also mit der Reposition mehrere Tage, so werden
die bereits gebildeten Gewebsmassen bei der Einrichtung wieder
zerdrückt, und die Regeneration muss z. T. wieder von Neuem be-
ginnen. — Seit der Zeit der arabischen Aerzte benutzte man die
Frist bis zur Einrichtung um durch Breiumschläge, Bruchpflaster
und resolvirende Mittel die Entzündung hintanzuhalten. In unserem
Jahrhundert glaubte man sich vom Eis eine günstige Wirkung auf
den Heilungsverlauf versprechen zu können. Schon die theoretische
Erwägung aber, dass die Kälte die Gefässdilation hindert und überhaupt die Lebensvorgänge in den Geweben herabsetzt, verbietet das
Eis in der Fracturbehandlung. Jetzt wird es wohl keinen Chirurgen
mehr geben, welcher der Eisbehandlung und dem abwartenden
Verfahren bei frischen Brüchen das Wort redet. Die Ursache der
Schmerzen und Muskelspasmen sind eben die verschobenen Bruchenden. Ist die Dislocation beseitigt, verschwinden diese krankhaften
Erscheinungen von selbst. Nur in einem Fall wird man sich entschliessen müssen die Reposition später vorzunehmen, nämlich wenn

es sich um einen verschleppten Oberschenkelbruch handelt, bei dem sehr starke Schwellung eingetreten. Gelingt hier die Einrichtung mit den gewöhnlichen Hilfsmitteln selbst in Narkose nicht, so bringt man die Extremität in eine geeignete Lage und wartet die Abschwellung ab.

Zur Extension und Contraextension bediente sich Hippokrates im Allgemeinen nur der Hände der Gehilfen. Den Angriffspunkt der Kräfte verlegte er gewöhnlich ganz in die Nähe der Bruchstelle, wodurch natürlich die ohnehin gequetschten Weichteile noch mehr geschädigt wurden. Erst zu Hildanus Zeiten wurde es allgemein Gebrauch, die Ausdehnung am Knie oder Fuss und die Contraextension am Becken zu machen.

Die zur Distraction der Knochenenden bei Oberschenkelbrüchen nötige Kraft wurde von den alten Chirurgen bedeutend überschätzt. Während der vorsichtige Hippokrates sich ausschliesslich zur Extension der Hände bediente, wurde später der Gebrauch der Scamnien, Glossocomien, „Schraufladen", „Spilhaspelgebände" und Flaschenzüge allgemein. Folterwerkzeuge, deren Abbildungen im Scultet den Beschauer mit Grausen erfüllen, und von deren verderblicher Wirkung durch Muskel- und Gefässzerreissungen die Berichte von Galen und Albucasis Zeugniss ablegen.

Die Contraextension wurde auf dem Scamnium dadurch ausgeübt, dass man zwischen den Schenkeln oder den Achselhöhlen einen Pflock anbrachte, der das Herabgleiten des Körpers verhinderte. Hildanus erfand zu diesem Zweck die anschraubbare Remora, eine Art Beckenstütze, wie sie noch bis jetzt bei der Anlegung der Gypsverbände gebräuchlich ist. Zur Extension bediente er sich des Flaschenzuges, den er durch das Cingulum — einen gepolsterten, beiderseits mit Haken versehenen Lederriemen — an den Knöcheln oder Condylen des Femur befestigte. Durch diese Art der Befestigung wollte er einen genau in der Längsaxe des verletzten Gliedes wirkenden Zug erzeugen und ein seitliches Abweichen der Extensionsrichtung vermeiden, wie es durch Ausübung der Traction mit seitlich geknoteten Stricken oder Tüchern vorkam.

Die Taxis wurde im Altertum in der Rückenlage vorgenommen, nur Albukasis und Avicenna weichen von dieser Regel ab. Bei Brüchen der Diaphyse und über dem Kniegelenk übten sie die Extension und Contraextension in der Bauchlage aus — *infirmo jacente super faciem suam* — gleichzeitig wurde der Unterschenkel im Knie stark nach hinten gebeugt. Diese Methode der arabischen Aerzte fand wenig Nachahmer und man kehrte bald allgemein zur Einrichtung in der Rückenlage bei gestreckter Extremität zurück.

Erst Parcival Potts überzeugender Beredsamkeit gelang es, hier eine Aenderung herbei zu führen und seiner sogen. physiologischen Lehre eine Zeit lang Geltung zu verschaffen. Ausgehend von der Ansicht, dass die Muskeln durch die dislocirten Bruchenden in einem erhöhten Reizzustande sich befänden und jeden

Extensionsversuch durch kräftige Contractionen beantworteten, verwarf er die gestreckte Stellung, als eine Ausdehnung mässigen Grades. Er behauptete, vielmehr durch Flexion im Hüft- und Kniegelenke alle auf die verschobenen Bruchenden wirkenden Muskeln erschlaffen und so ohne kräftige Distraction die Coaptation herbeiführen zu können.

Schon Desault machte dagegen geltend, dass es schwierig sei, in der flectirten Stellung die Distraction vorzunehmen, ferner sei man gezwungen, dieselbe an dem gebrochenen Knochen selbst auszuführen. Hierzu kommt noch, dass es gar nicht gelingt, in der flectirten Lage alle Muskeln ausser Thätigkeit zu setzen, ja der Psoas wird durch die Beugestellung in seiner Wirkung auf das obere Fragment bei manchen Brüchen noch unterstützt. Auch die für eine sorgfältige Taxis nötigen Messungen der Extremitäten lassen sich bei gebeugter Stellung nicht mit der wünschenswerten Sicherheit vornehmen.

Später vernachlässigten besonders in England die Anhänger des Planum inclinatum die Reposition teilweise ganz, indem sie annahmen. dass durch die Erschlaffung der Muskeln die spontane Reposition einträte. und so die Verkürzung beseitigt würde. Wenn auch bei manchen Brüchen die doppelt geneigte Ebene die Verkürzung beseitigen kann, so gilt dies nicht für die Fälle, in denen die Muskulatur in einem lebhaften Reizzustand sich befindet und zu dauernder Contraction neigt. Diese Contraction lässt sich zwar auch durchs Planum inclinatum allmählich überwinden aber nur dadurch, dass man den Winkel ziemlich zu einem Rechten macht. Dies hat aber den Nachteil, dass auf die Kniekehle und Hinterbacke ein starker Druck ausgeübt wird. Auf kürzere und sicherere Weise lässt sich in solchen Fällen die Taxis jetzt in Narkose erreichen. Muss man aus irgend welchen Gründen auf dieselbe verzichten, so lässt sich durch Anwendung der Gewichtsextension im Heftpflasterverband mit allmählich steigender Belastung der Widerstand der Muskeln in der Regel bald überwinden.

Brüninghausen legte bei Schenkelhalsbrüchen den Hauptwert auf die Beseitigung der Aussenrotation und hielt die Extension zur Taxis nicht unbedingt für nöthig.

Dzondi und andere Anhänger der Extensions-Schienen beseitigten vorläufig auch nur die Rotation nach aussen und suchten die Verkürzung erst allmählich durch das sofortige Anlegen ihrer Apparate aufzuheben.

Bezüglich der Schenkelhalsfracturen bemerkt schon Malgaigne, dass man bei der Einrichtung vorsichtig zu Werke gehen müsse, um etwa vorhandene Einkeilung der Fragmente durch forcirte Extensionsversuche nicht zu lösen. Eher wird man in solchen Fällen, wenigstens bei alten Leuten, einen gewissen Grad von Verkürzung und Aussenrotation mit in den Kauf nehmen, als durch Beseitigung der Einkeilung den Heilungsvorgang zu verzögern.

Das jetzt gebräuchliche Verfahren bei der Einrichtung der Oberschenkelfracturen ist ungefähr folgendes. Zur Contraextension wird das Becken entweder durch einen Gehülfen auf der Matratze fixirt oder durch eine elastische Perinealschlinge, die am Kopfende des Bettes befestigt ist, nach oben gehalten. Die Extension wird am Knie und Knöcheln von 2 Gehülfen zuerst in der deformen Richtung des verletzten Gliedes und dann in der Längsaxe der Extremität ausgeführt. Die Coaptation sucht der Chirurg durch seitlichen Druck auf die Fragmentenden zu erreichen. Sie ist als gelungen zu betrachten, wenn durch genaue Messung mit dem Centimetermasse die gleiche Länge der gesunden und kranken Extremität festgestellt ist, und die *Spina ant. sup.*, der innere Rand der Patella und der innere Grosszehenrand eine gerade Linie bilden.

Die Narkose ist bei der Einrichtung in der Regel nicht nötig; doch erzielt man nach Hamiltons Ansicht in Fällen, bei denen der Patient sehr muskulös und die ursprüngliche Verkürzung sehr beträchtlich ist, einen bleibenden Gewinn, wenn man das Extensionsgewicht anhängt, während sich der Patient für einige Minuten im Zustand der Chloroformnarkose befindet. Auch bei Anlegung eines Gypsverbandes ist es häufig üblich, den Kranken zu anaesthesiren. Da die Extension hierbei bis zum Festwerden des Verbandes fortgesetzt werden muss, so bedient man sich des Mennel-Schneiderschen Apparates oder eines gewöhnlichen Flaschenzuges, während das Herabgleiten des Körpers durch eine Beckenstütze, nach Art der von Esmarch, Bardeleben, Volkmann oder Roser angegebenen, verhindert wird.

Die wichtigste Aufgabe bei der Behandlung der Oberschenkelbrüche ist die Retention der einmal eingerichteten Fragmente; eine Aufgabe, an deren Erfüllung die genialsten Chirurgen aller Jahrhunderte rastlos aber lange Zeit erfolglos gearbeitet haben.

Wohl ziemlich alle Verbandsarten sind in der Therapie der Femurfracturen so zu sagen durchprobirt worden, von der einfachen *Spica inguinalis* bis zum massiven, das ganze Becken umfassenden Gypsverband, von der Extension auf dem Scamnium bis zum complicirten Extensionsapparat Bardenheuers, und dem simplen *Canalis pro pede longus* des Hippokrates bis zum eleganten Fracturenbett des Amerikaners Daniels.

Wenn es nun im Folgenden unternommen wird die einzelnen Behandlungsmethoden zu besprechen, so geschieht dies nicht in der Absicht, alle die mehr oder minder complicirten Apparate bis in ihre Einzelheiten genau zu schildern, sondern nur, um die Principien darzulegen, die die verschiedenen Autoren zur Erreichung einer guten Heilung verfolgten. Ferner sollen die mannigfachen Verbände in Bezug auf ihren Nutzen oder Schaden für den Patienten und auf ihre Anwendbarkeit bei den einzelnen Bruchformen geprüft werden.

2

Zu diesem Zwecke empfiehlt es sich, die zahlreichen Methoden folgendermassen zu gruppiren:

1. Binden- und Schienenverbände mit oder ohne Anwendung der permanenten Extension. (Einfache Contentivverbände.)
2. Extensionsschienenverbände.
3. Pottsche Seitenlage und doppelt geneigte Ebenen.
4. Schweben.
5. Circulär erhärtende Verbände.
6. Heftpflasterextension.
7. Gehverbände.

Einfache Contentivverbände.

Die Grundsätze, welche Hippokrates in seinem Buche περὶ αἴγμων bei der Therapie der Brüche aufstellt, zeigen von einer ungemein reichen Erfahrung, und enthalten Gesichtspuncte, die in der Therapie der Frakturen immer geltend bleiben werden. Mit weiser Mässigung übt er Extension und Contraextension, warnt vor zu festem Anziehen der Binden und schützt mit peinlicher Genauigkeit alle exponirten Knochenteile vor schädlichem Druck.

Sein Verband für Oberschenkelbrüche ist ca. zwei Jahrtausende massgebend für die Behandlung gewesen. Er unterscheidet einen provisorischen und einen definitiven Verband.

Ersterer bestand nur aus 2 Binden, die, um besser am Glied zu haften, mit einer Wachssalbe bestrichen waren. Die erste Binde begann mit 3 Touren über der Bruchstelle und wurde nach aufwärts abgewickelt, ohne die Hüfte mit zu fassen. Die zweite fixirte ebenfalls die Bruchenden mit 2 Touren, aber in entgegengesetzter Richtung wie die erste gewickelt endete sie in absteigenden Spiralwindungen oberhalb des Knies. Dann wurde die Extremität mit leicht flectirtem Kniegelenk auf weiche Kissen gelagert und zwar so, dass der Fuss etwas höher zu liegen kam, um den Rückfluss des Blutes zu erleichtern. Die Ferse wird noch durch untergeschobene Polster vor Decubitus geschützt. Wenn die Bruchgeschwulst geschwunden, so wurde nach 7—9 Tagen der definitive Schienenverband applicirt. H. bediente sich kurzer Holzschienen, die nirgends bis an die Gelenke reichten, um Druckbrand zu vermeiden. In der Mitte waren dieselben dicker als an den Enden. Das Mittelstück kam direct auf die, die Fragmente fixirenden Bindentouren zu liegen, um durch stärkeren Druck auf die dislocirten Knochenteile zu wirken. Um die Ruhigstellung der Extremität zu erzielen, wurde sie auf ein langes weiches Kissen mit etwas erhabenem Fussende gelagert. Das von der Hüfte bis zur Ferse reichende Polster wurde mit einigen Bändern über dem Glied zusammengebunden.

Die permanente Extension, durch Anbinden des Fusses am Bett hält er für schädlich, da der Oberkörper nicht genügend fixirt werden könne, und etwaige Beckenverschiebung auf das angebundene Glied stärker dislocirend wirken würde als auf das unangebundene, welches der Verschiebung folgen könne.

Eine andere Methode bestand darin, den mit Binden versehenen Oberschenkel in lange Beinladen zu legen und durch Polsterung und Compressen für die Erhaltung der Einrichtung zu sorgen. Ueber die Brauchbarkeit dieses Verbandes sagt H. selbst: „Ich weiss nicht, was ich im Betreff der Anwendung der Rinnen sagen soll: Vorteil bringen sie wohl, jedoch nicht so viele, wie ihre Verteidiger glauben, denn sie erzwingen, wie man erwartet, das Stillliegen nicht; und die Rinnen hindern das Bein nicht, dem übrigen Körper beim Umwenden zu folgen, wenn der Kranke nicht selbst dafür sorgt. Noch unbequemer wäre es, das Holz unterzulegen, wenn man nicht ein weiches Kissen hinein gelegt hätte."

Die Anwendung der Beinlade wurde später allgemeiner. Celsus und Paul von Aegina empfehlen sie bei Brüchen im oberen Drittel. Lanfranch, Hieronymus von Braunschweig, Petit, Heister und Duverney bedienten sich ebenfalls der langen Beinlade bei Schenkelhalsbrüchen, wobei sie die Bruchenden durch eine *Spica ascendens*, welche die Hüfte umschloss, in Berührung zu erhalten suchten.

Der einfache Verband des Hippokrates erlitt im Laufe der Zeit mancherlei Veränderung.

Mit Paulus von Aegina entstanden 2 Parteien, „die jüngeren Meister", welche rieten, den definitiven Schienenverband sofort anzulegen, während die anderen Chirurgen am hippokratischen Verfahren festhielten. Auch die Form der Schienen erfuhr eine Modification. Man benutzte, wenn auch noch kurze, so doch gleichmässig dicke Coaptationsschienen, deren Druckwirkung man durch auf die Bruchstelle befestigte Compressen zu erhöhen suchte. Einen wesentlichen Fortschritt führten die Araber herbei, indem sie längere vom Knie bis zur Hüfte reichende Schienen anwandten. Guy de Gauliac und Paré folgten ihrem Beispiel, letzterer legte eine lange untere Pappschiene an und zwei seitliche nur bis zum Knie reichende. Gersdorf, einer der wenigen deutschen Chirurgen aus der Mitte des 16. Jahrhunderts, die schriftstellerisch thätig waren, empfiehlt zwei nach dem Glied geformte Filzschienen, die, er an den Rändern zusammen näht und fügt noch 3 hölzerne bei die mit Wachspflaster auf dieselben festgeklebt werden. Würz wandte zuerst lange, genau nach dem Glied geschnitzte Holzschienen an. Er verlangt, dass der Arzt Schienen aller Formen und Längen vorrätig habe, „1000" Stück, sagt er, sind eben genug.

Sein Zeitgenosse Hildanus fertigte eine gepolsterte, blecherne Aussenseitenschiene an, die von der *Spina anterior sup.* bis übers Knie ging. Der obere Teil fasste ein Stück des Beckens und wurde durch Schnallen an der gesunden Hüfte fixirt.

Petit und Heister suchten die Wirkung der Schienen durch Hinzulegen von Strohladen noch zu erhöhen. Der äussere Stab derselben reichte von der Ferse bis zur Achselhöhle, die anderen 3 hatten nur die Länge des Gliedes. Der Verband des Heister ist ungemein massig und unbeholfen, ohne eine grössere Wirkung als der des Hippokrates zu besitzen.

Im Hôtel de Dieu verband man vor Desault mit drei Schienen, einer von der Hüfte bis zur Sohle reichenden Aussenseitenschiene, einer langen Innenseitenschiene von der Weiche bis zur Ferse, und einer bis zum Knie reichenden vorderen Schiene.

Die Form der noch jetzt üblichen Schienenverbände soll weiter unten noch besprochen werden.

Die permanente Extension bei der Behandlung der Oberschenkelbrüche wurde, wie wir gesehen, schon zu Hippokrates Zeiten geübt. Dass sie nötig sei erkannten die meisten Chirurgen, aber die damit verbundenen Schädlichkeiten für den Patient schreckten viele von ihrer Anwendung ab. Noch Heister klagt: „Sollte ein Instrument können aufgefunden werden, welches einen solchen Fuss immer so ausgestreckt erhalten könnte, dass er dem gesunden bei während der Cur oder nur in den ersten 14 Tagen oder 3 Wochen gleich bliebe, so wäre Hoffnung, diese Fractur besser zu curiren, als bis dato geschehen!"

Die permanente Ausdehnung suchte man auf verschiedene Weise zu erreichen.

1. Durch einfaches Anbinden des Fusses am Bettende und Fixirung des Beckens durch seitlich oben befestigte Perinealschlingen.
2. Durch Flaschenzüge bei durch Beckenstütze oder Perinealschlingen fixirtem Oberkörper.
3. Gewichtsextension.
4. Extension und Contraextension auf dem Glossocomium oder Scamnium.

Alle diese Verfahren haben den gemeinsamen Nachteil, dass sie die durch das Anziehen der Extensionsstricke erzeugte Kraft auf eine kleine Oberfläche concentriren.

Die zwischen den Schenkeln durchgezogenen Binden und Servietten müssen selbst bei sorgfältiger Polsterung Druckbrand erzeugen, auch wenn man das Perinealband abwechselnd unter dem kranken und den gesunden Schenkel durchzieht. Die nie ausbleibende Verunreinigung der Bänder trägt noch das ihrige zur Maceration der Haut bei. Hierzu kommt noch, dass das Becken auf diese Art gar nicht genügend fixirt ist und jede Bewegung dieses sich auf das obere Fragment überträgt. Der Vorschlag Desaults, die Contraextension durch ein über die Brust und zwischen den Achselhöhlen durchgeführtes Tuch auszuüben ist ebenfalls ungenügend. Ausserdem verlegt er den Angriffspunkt an eine von der Bruchstelle zu weit entfernte Gegend, büsst infolge dessen an Wirksamkeit ein, ferner muss das über die Brust geschlungene Tuch die Atmung behindern, was bei alten Leuten besonders gefährlich ist.

Auch die gepolsterte Beckenstütze des Hildanus trifft derselbe Vorwurf. Druckbrand zu erzeugen.

Auch von der Extension gilt das Gesagte, selbst wenn der Angriffspunkt der extendirenden Kraft bald über das Knie, bald über die Knöchel verlegt wurde. Der häufige Wechsel schliesst ausserdem noch die Gefahr in sich, dass bei Umlegung der Extensionsschlingen die Bruchenden bewegt werden oder sich auch durch Nachlassen der Ausdehnung verschieben.

Die Gewichtsextension bietet höchstens den Vorteil, dass man die Grösse der ausdehnenden Kraft bemessen kann. Guy de Gauliac empfiehlt sie; er beseitigte an der Extensionsschlinge über den Knöcheln eine Schnur, die über eine Rolle am Bettende lief und unten mit einem Bleigewicht armirt war.

Noch gefährlicher war die andauernde Ausdehnung auf dem Glossocomium, einer Art Beinlade, in der die Ausdehnung und Gegenausdehnung durch Stricke. die über innen seitlich angebrachte Rollen liefen, ausgeführt wurde. Die über das obere Rollenpaar laufenden Stricke besorgten die Contraextension, wodurch naturgemäss die Contraextensionsschlinge direkt oberhalb der Bruchstelle zu liegen kam und grossen Schmerz verursachte.

Wir sehen also, dass die von den älteren Chirurgen geübte permanente Extension dem gewünschten Zweck nicht entsprach, wohl aber auf den Heilungsverlauf oft nachteilig wirkte.

Der einfache Contentivverband hat den schätzenswerten Vorteil. dass das dazu nötige Material überall leicht beschaffbar ist. In der Form aber, wie er früher meist angewendet wurde, besass er zahlreiche Nachteile.

Die Binden und kurzen Schienen waren in den meisten Fällen nicht geeignet die dauernde Retention der Fragmente zu erhalten, noch viel weniger eine Ruhestellung der ganzen Extremität zu erzielen. Suchte man, wie bei Schiefbrüchen empfohlen wurde, die Dislocation durch schärferes Anziehen der Binden zu verhindern. so lief man Gefahr, Decubitus, ja Gangrän der ganzen Extremität herbeizuführen. Trotz des Bestreichens der Binden und Schienen mit klebenden Pflastern, lockerte sich der Verband sehr bald, die Extremität musste gelüftet werden, wodurch die Coaptation gestört wurde. Auch die Scultetsche Binde vermochte diesen Uebelstand nicht ganz zu beseitigen, obgleich sie ein bequemeres Nachsehn gestattete. Ein weiterer Nachteil für den Patienten war bedingt durch die langdauernde Bettruhe, der er sich unterziehen musste.

Hippokrates dehnte die Bettruhe über 50 Tage, Gersdorf über 9 Wochen aus und Dupuytren verurteilte seine Kranken mit Schenkelhalsbrüchen gar zu 100 Tagen ruhiger Rückenlage. Ist schon die dauernde Bettlage geeignet junge kräftige Leute herunterzubringen, um wie viel mehr musste sich dieser Uebelstand bei alten decrepiden, mit Lungenemphysem behafteten Kranken geltend machen. Viele starben an Lungenhypostase, andere gingen an der meist von einem Decubitus am Kreuzbein ausgehenden Pyaemie zu Grunde. Und auch „die Geheilten" hatten noch Monate lang an den Folgen der andauernden Ruhelage zu laboriren. Die Muskulatur der Extremität war total atrophisch, Knie und Hüftgelenk meist steif, der Fuss in Spitzfussstellung und dazu noch die Verkürzung des Oberschenkels. Dies waren die wenig erfreulichen Resultate der Behandlung mit Contentivverbänden bis in die Mitte des vorigen Jahrhunderts. Seit dieser Zeit traten die einfachen Contentivverbände gegenüber den anderen Verbandmethoden fast ganz in den Hintergrund. Neuere Lehrbücher aber räumen ihnen wieder eine bedingte Stellung in der Oberschenkelbruchtherapie ein. Und in der That können sie, in richtiger Weise angelegt, sowohl als provisorische Verbände beim Transport der Kranken als auch als definitive bei gewissen Bruchformen ganz zufriedenstellende Resultate liefern. Zu diesem Zweck aber ist es nötig, ausser den 3 Coaptationsschienen aus Pappe, eine lange Fuss und Becken ein gutes Stück überragende Aussenseitenschiene dem Verband hinzuzufügen. Wird der obere Teil der Schienen durch einige Bindentouren oder auch durch Heftpflasterstreifen befestigt, so erreicht man hierdurch eine ziemliche Ruhestellung des Beckens, andererseits kann man durch ein unten angebrachtes Fussbrett leicht die Aussenrotation vermeiden. Natürlich eignet sich das geschilderte Verfahren nur für solche Fälle, die keine Neigung zur Verkürzung zeigen, die dadurch nicht beseitigt werden kann.

Im Wesentlichen wird sich also seine Anwendbarkeit auf quere Fracturen ohne oder mit sehr leicht zu beseitigender Verkürzung, wie sie in der Regel nur bei Kindern vorkommen, erstrecken. Für kleine Kinder empfiehlt König eine lange etwa handbreite, hölzerne Aussenseitenschiene, die oben und unten mit einem Loch versehen zur bequemeren Befestigung. Bei älteren fügt er noch eine Innenseitenschiene von der Weiche bis zum Fuss hinzu.

Einen sehr practischen Verband hat Hamilton für kleine Kinder angegeben. Er besteht aus zwei langen beiderseits bis nahe an die Achselhöhlen reichenden Aussenseitenschienen, die unten durch eine Querleiste fest verbunden sind; und zwar so, dass die Schienen unten etwas weiter auseinander stehen als oben. Dadurch kommen bei der Anlegung die Beine in Spreizstellung, was die Reinhaltung des Perinaeums sehr erleichtert. Als Coaptationsschienen dienen 4 Pappschienen, eine hintere bis etwas unterhalb des Kniegelenkes eine vordere bis oberhalb der Patella und 2 seitliche bis zu den Condylen reichende. Der Unterschenkel des gebrochenen Beines wird durch eine Rollbinde an der langen Schiene befestigt. Der übrige Teil des Gliedes, das gesunde Bein und der Körper wird durch einzelne Tuch- oder Heftpflasterstreifen fixirt. Der Verband an den entsprechenden Stellen gut gepolstert, verhindert sicher die Verschiebung der Bruchenden, und die kleinen Patienten können ohne Gefahr z. B. beim Urinlassen in die Höhe genommen werden. Ein weiterer Vorteil dieses einfachen Apparates besteht darin, dass er leicht mit Gewichtsextension in Verbindung gebracht werden kann.

Extensionsschienen.

Die Erkenntnis der Notwendigkeit der permanenten Extension bei der Behandlung schräger und Schenkelhalsfracturen und die zahlreichen Nachteile, welche die bisher geübte Art der Ausdehnung für den Patienten in sich schloss, führte zur Erfindung der Extensionsschienenverbände. Die erste rührt von Fabricius Hildanus her. Er beschreibt sie 1682 als *„Fracturarum ossis femoris curandarum nova et artificosa inventio ac methodus"*. Sie stellt eine lange Innenseitenschiene dar, deren oberes Ende etwa krückenförmig und gut gepolstert ist. Durch eine in der Mitte angebrachte Schraube konnte diese eiserne Schiene auseinander getrieben werden. Sie wurde erst angelegt, nachdem der Oberschenkel eingerichtet und mit 3 Coaptationsschienen versehen war. Ein Perinealband fixirte sie am Becken, während das untere Ende mit einer am Fuss befindlichen Extensionsschlinge in Verbindung stand. Durch Drehung der, Schraube konnte also das Becken nach oben gedrängt werden andererseits zog der mit der Fussschlinge befestigte untere Teil der Schiene Unterschenkel und das untere Femurfragment nach abwärts. Der Vorschlag des Hildanus fand wenig Beachtung, Heister erwähnt ihn vorübergehend und der später von Bellocq empfohlene Apparat ist eine getreue Nachbildung des von Hildanus beschriebenen.

Erst mit Desault fanden die Extensionsschienen weitere Verbreitung. Er verlangte vor allem, dass die Wirkung der extendirenden Kräfte auf möglichst grosse Oberflächen verteilt und ohne Druck zu erzeugen direct in der Richtung der Axe des gebrochenen Oberschenkels ausgeübt werden sollte. Diese Ziele suchte er durch Anlegung einer langen, an den Enden eingekerbten und oben und unten mit einem Loche versehenen Aussenseitenschiene zu erreichen. Die Contraextension wurde hergestellt durch ein gut gepolstertes Perinealband, dessen vorderer Teil durch das obere Loch der Schiene gezogen und mit dem hinteren Ende in der Einkerbung fest geknüpft wurde. Die Ausdehnung geschah in der Weise, dass der Fuss durch ein über dem Rücken desselben gekreuztes und am unteren Schienenende befestigtes Band nach abwärts gezogen wurde. Ausserdem schloss Desault noch eine lange innere und eine bis oberhalb der Patella reichende vordere Schiene mit in den Verband ein.

Liston bediente sich noch in der Mitte unseres Jahrhunderts bei Femurschaftfracturen der Desaultschen Schiene, nur suchte er eine sichere Ruhigstellung des Beckens herbeizuführen, indem er einen festen gepolsterten Leibgurt hinzufügte. Physick und Miller verlängerten die Schiene bis in die Achselhöhle, und ersterer fügte noch ein Fussbrett hinzu.

Boyer bediente sich einer von der Crista bis über den Fuss reichenden Aussenseitenschiene, die wie die des Hildanus auseinander geschraubt werden konnte. Oben endete sie in einer Ledertasche des Perinealgurtes, unten wirkte sie durch ein mit der Schraube in Verbindung stehendes Fussbrett extendirend.

Brünninghausen, der den Hauptwert auf die Beseitigung der Aussenrotation bei Schenkelhalsbrüchen legte, befestigte eine von der *Spina ant. sup.* bis unterhalb des Knies reichende lederne Aussenseitenschiene durch 2 Riemen am Becken und der Kniegegend des gebrochenen Gliedes und band beide Extremitäten zusammen. Um einige dauernde Extension ausüben zu können, brachte er am kranken Fuss eine wollene Extensionsschlinge an, in die der gesunde Fuss sich stemmte. B. verwandte also die gesunde Extremität als Innenseitenschiene. Die Schienen von Werner und Hedenus beruhen auf demselben Princip.

Auch Hagedorns Idee lässt sich auf Brünninghausen zurückführen. Er verstärkte die von B. als innere Schiene benutzte gesunde Extremität durch eine lange an diese angelegte Aussenseitenschiene, die er, um die Extension bequemer ausführen zu können, mit einem stumpfwinklig angefügten Fussbrett versah.

Dzondi suchte eine bessere Beckenfixirung zu erreichen, indem er die Hagedornsche Schiene bis in die Achselhöhle verlängerte, wo sie krückenförmig endete.

Die Zahl der von ihren Erfindern angepriesenen Extensionsschienen ist eine ungemein grosse, aber alle lassen sich auf die eben angeführten Typen zurückführen. Die an ihnen vorgenommenen Verbesserungen erstrecken sich im Wesentlichen auf drei Punkte: 1. Perinaeum und Fussrücken bei der Extension zu entlasten. 2. Sicherere Beckenfixirung, 3. Extension in der Axe des Gliedes zu erzielen.

Den Druck, den das Perinealband hervorrief, sobald es einigermassen straff angezogen wurde, suchte man durch gute Polsterung oder grössere Breite desselben zu mildern. So schlug Köhler in Jena vor, Beckengurt und Perinealband in Form einer ledernen Badehose zu vereinigen und die Boyersche Schiene mit ihr durch eine äussere Ledertasche in Verbindung zu setzen.

Horner befestigte die Contraextensionsschlinge an einer inneren Schiene, deren oberes Ende halbkreisförmig und mit einem weichen Leder überspannt war, geknüpft wurde sie auf einer Aussenseitenschiene nach Art der Desaultschen. Freilich wurde dadurch nur die eine Componente der nach oben und aussen wirkenden Kraft thätig, die andere ging durch den Druck auf die innere Schiene für die Contraextension verloren.

Gilbert stellte die Gegenausdehnung an einer Aussenseiten-schiene durch breite Heftpflasterstreifen um das Perinaeum her.

Hodge bediente sich ebenfalls der Heftpflasterstreifen und ent-lastete das Perinaeum dadurch, dass er die Heftpflasterstreifen in der Verlängerung der Mamillarlinie aufklebte und oben an einer Eisenstange befestigte, die vom oberen Ende einer äusseren Schiene ausgehend die Schulter überragte.

Andere Chirurgen, wie Buck, suchten einen schädlichen Druck aufs Perinaeum durch Ausübung der Contraextension mit einem Gummischlauch zu verhindern.

Alle die genannten Methoden haben den Nachteil, dass das Perinealband ohne kräftigen Zug angelegt zur Contraextension nicht genügt oder, wenn es kräftig genug wirkt, in der Regel Druckbrand hervorruft. Treffend sagt Hamilton hierüber: „Die Wahrheit ist, dass es keine Stelle der Leistengegend, des Perinaeums oder Beckens giebt, auf die nicht von einem oder anderen Chirurgen der Druck mehr oder weniger verteilt ausgeübt wurde, und es giebt vielleicht keine Methode, die nicht schon versucht wäre; doch wird eine unparteiische Untersuchung ergeben, dass das Resultat immer das gleiche: der Druck muss ein mässiger sein, oder es stellen sich zuweilen schwere Zufälle ein."

Ebenso mannichfach sind die Versuche Druckbrand an der Gegend des Fussrückens zu vermeiden.

Zenker construirte eine Art Steigbügel, an dem die Extension gemacht wurde.

Hagedorn schnürte einen breiten Ledergurt über den Knöcheln zusammen und setzte ihn mit dem Extensionsband in Verbindung, hieraus entstanden die späteren Extensionsgamaschen von Langen-beck und die Schnürstiefeln von Nikolai und Gibson. Auch der Gypsstiefel ist hierher zu zählen.

Auch von diesen Vorrichtungen gelten obige Worte Hamiltons, und Druckbrand gehörte bei ihrer Anwendung zu den gewöhnlichen Ereignissen.

Die Bestrebungen, die Beckenverschiebung möglichst zu ver-hindern, finden ihren Ausdruck in der Herstellung anschliessender Beckengurte wie etwa der Köhlerschen Hose.

Flagg veröffentlichte einen breiten Beckengurt mit 2 Perineal-riemen, der am kranken Femur befestigt und sogar mit einem Schloss versehen war, damit ihn der Patient ohne den Willen des Arztes nicht entfernen konnte. — Jedenfalls ein Zeichen, dass die Schlinge unbequem war!

Auch die langen bis zur Achsel reichenden Schienen Hagedorns, Dzondis, Physicks und Millers, sowie die Doppelkrücken Nikolais und Gibsons sollten zur Fixation des Beckens beitragen.

Vollkommen aber erreichen auch sie ihren Zweck nicht, da sie dem Kranken auf die Dauer ungemein lästig werden und er sich durch willkürliche Bewegungen Erleichterung zu verschaffen sucht.

Der Forderung Desaults, die ausdehnenden Kräfte in der Richtung des Gliedes wirken zu lassen, genügen die meisten Extensionsschienen auch nur teilweise. Die durch das Perinealband erzeugte Contraextension wirkt hauptsächlich in der Richtung von innen unten nach aussen und oben, kreuzt also die Femuraxe spitzwinklig. Bei der nicht seltenen Neigung des oberen Fragmentes zur Dislocation nach aussen und vorn, kann dadurch die Verschiebung noch vermehrt werden.

Leichter gelang es, das untere Fragment in der Richtung des Gliedes zu extendiren. Schon Boyers verschiebliches und Hagedorns festes Fussbrett erfüllt diesen Zweck. Volpi verband Desaults innere und äussere Schiene durch ein Querholz, in dem sich ein Petitscher Tourniquet befand, der mit der Fusssohle in Verbindung gesetzt werden konnte. Langenbeck setzte seinen Extensionsstrumpf mit einer ähnlichen Vorrichtung am Bettende in Verbindung.

Alle diese vorgenommenen Verbesserungen zeigen zugleich, worin die Mängel der einzelnen Apparate bestehen. Selbst die vollkommensten Extensionschienen von Hagedorn-Dzondi, Gibson, Lent und Burges Fracturenbett konnten dieselben nicht ganz beseitigen. Die letzteren beiden sind ausserdem zu complicirt und zu teuer, als dass sie eine allgemeine Verbreitung hätten finden können.

Die Extensionsschienenverbände haben sich nie der allgemeinen Anerkennung der Chirurgen erfreut, und wurden bald durch practischere Verbände verdrängt. Sie teilen mit den einfachen Contentivverbänden die Nachteile der dauernden gestreckten Lage, sind also gerade in den Fällen, für die sie meist empfohlen, nämlich bei Schenkelhalsbrüchen alter Leute gar nicht zu gebrauchen.

Gurlt nennt sie Folterwerkzeuge, welche niemals in gleichmässiger Weise die Extension und Contraextension auszuüben im Stande sind. Die neueren Lehrbücher gedenken ihrer nur aus historischem Interesse.

Als provisorischer Verband mag der einfache Physicksche oder Dzondische Apparat, da er überall leicht zu beschaffen und billig ist, noch einige Geltung besitzen.

Pottsche Seitenlage und doppelt geneigte Ebenen.

Wie wir gesehen, empfahl schon Hippokrates den Oberschenkelbruch mit leichter Flexion im Kniegelenk zu verbinden. Avicenna legte den Verband in extremer Flexionsstellung des Kniegelenks an, Fabricius ab Aquapendente und Petit brachten die Extremität ebenfalls in leichte Beugestellung. Aber erst Potts Werk über die Beinbrüche vermochte der Beugestellung in der Behandlung der Oberschenkelbrüche eine allgemeinere Anwendung zu verschaffen.

Pott glaubte durch Beugung im Hüft- und Kniegelenk alle auf die Bruchenden wirkenden Muskeln erschlaffen und so einer erneuten Verschiebung entgegentreten zu können. Da er ferner die Aussenrotation für eine vom Kranken selbst erzeugte active Drehung hielt, so glaubte er durch seine Seitenlage die Retention der Fragmente am besten erreichen zu können. In Wahrheit gelingt es aber gar nicht, auf diese Weise die Fragmentenden jeder Einwirkung der Muskulatur zu entziehen, und die Aussenrotation ist eine rein passive Stellung.

Eingehende experimentelle Untersuchung Hyrtls an Leichen haben ferner ergeben, dass bei dem gewöhnlichen Verlauf der Bruchlinie von oben innen nach unten aussen bei Fracturen im oberen Drittel, die Beugung und Seitenlage die Dislocation noch zu vermehren geeignet sind.

Potts Verband wurde vervollständigt durch eine untere ausgehöhlte und gut gepolsterte und eine obere Schiene von entsprechender Länge. Die erstere reichte bis etwas unterhalb der Kniekehle, letztere bis etwas oberhalb derselben, beide wurden durch die achtzehnköpfige Binde am Schenkel befestigt. Um dauernde Ruhe zu erzielen, gab Pott Opium in steigenden Dosen.

Die Seitenlage können die Kranken nie lange innehalten. Der Druck des ganzen Unterkörpers ruht auf dem Trochanter der verletzten Seite und ruft unerträgliche Schmerzen hervor. Die Kranken versuchen mehr und mehr durch Lagerung auf den Rücken sich Erleichterung zu verschaffen. Da das Becken und ebenso der Unterschenkel so gut wie nicht fixirt sind, so tritt die Verschiebung der Bruchenden sehr schnell wieder ein.

Potts Seitenlage fand selbst in England wenige Anhänger, die flectirte Stellung in Rückenlage aber ist eine Zeit lang sowohl von den deutschen wie englischen Chirurgen ziemlich allgemein angewendet worden.

A Cooper bediente sich der gebeugten Rückenlage in allen Fällen einer intracapsulären Fractur. Er legte das Glied auf ein langes Kissen und schob unter das Knie eine gepolsterte Rolle. Da er auf eine knöcherne Vereinigung verzichtete und bestrebt war, den für die alten Patienten oft verderblichen Folgen einer dauernden Bettruhe zu entgehen, so liess er die Kranken schon nach 14 Tagen an Krücken herumlaufen, um so die Bildung einer mehr oder minder festen Pseudarthrose zu beschleunigen.

Bei extracapsularen Brüchen bediente er sich der von C. Bell angegebenen doppelt geneigten Ebene, auf die er den mit Seitenschienen versehenen Oberschenkel ca. 8 Wochen lang befestigte.

Bells *Planum inclinatum duplex* bestand einfach aus 3 Brettern; zusammengefügt bildeten sie ein Dreieck, dessen stumpfwinkelige Spitze der Kniekehle zur Unterstützung dient.

Earle machte die Ebene durch Charniere an der Spitze verstellbar, und versah sie mit einem rechtwinkeligen Fussbrett.

Amesbury brachte an letzterem eine Art Schnürschuhe an, worin der Fuss befestigt wurde. Durch letztere Einrichtung wurde die Extension etwas vermehrt. Auch die Contraextension suchte er durch von dem Planum ausgehende Becken- und Perinealgurte zu steigern.

Aitken suchte ebenfalls Extension und Contraextension kräftiger auszuüben, indem er 3 Extensionsschienen vom Knie bis Becken anlegte und nach Art der Hildanusschen wirken liess.

Dupuytren suchte die Ausdehnung zu verstärken indem er das untere aufsteigende Brett gabelförmig ausschnitt, so dass der Unterschenkel schwebend erhalten wurde und so sein ganzes Gewicht zur Extension benutzt werden konnte, während bei anderen Ebenen ein Teil desselben durch Druck auf die Unterlage verloren ging.

In Deutschland bediente man sich ähnlicher Apparate, des Lobpreisschen Fracturenbettes der Blumeschen Ebene, der beiden keilförmigen Rosshaarkissen Böttchers oder des Middeldorpfschen Dreiecks.

Letzteres nahm beide Extremitäten auf und stellte ein gut gepolstertes dreieckiges Kissen aus Rosshaaren dar. Der Winkel, in dem die beiden geneigten Flächen zusammenstiessen, betrug 110—120 °. Um eine möglichst kräftige Gegenausdehnung zu schaffen, war der für den Oberschenkel bestimmte Teil etwas länger als das Glied. Hierdurch kam das Becken frei schwebend über die Unterlage, wirkte also durch sein Gewicht contraextendirend. War die Triangel nur für die Aufnahme einer Extremität bestimmt, so musste, um durch die alsdann herabhängende gesunde Extremität keine seitliche Dislocation zu erzeugen, die Gesässgegend dieser Seite durch ein Kissen unterstützt werden.

Roux's Appareil polydactyle und Notts doppelt geneigte Ebene suchen ausserdem noch durch mehrere seitlich an den Brettern angebrachte Pflöcke das Glied gegen Abweichungen in dieser Richtung zu schützen.

Als Apparate, die so ziemlich alle vorgeschlagenen Verbesserungen in sich schliessen, wären Daniels Fracturenbett und Stanellis 1871 veröffentlichtes *Triclinum mobile* zu erwähnen. Beide zeichnen sich dadurch aus, dass am Hüftende des *Planum inclinatum duplex* noch eine aufrichtbare Rückwand angebracht ist, so dass der Patient nach Belieben die Rückenlage mit einer halbsitzenden Stellung vertauschen kann.

Während Pott bei seiner Seitenlage auf die Extension und Contraextension verzichtete, ja ihre Anwendung für schädlich erklärte, genügt die doppelt geneigte Ebene der bei den Oberschenkelbrüchen so wichtigen Indication einer permanenten Ausdehnung auch nur in sehr geringem Masse.

Auf die extendirende Wirkung des *Plan. incl. dupl.* ist auch die Thatsache der sog. spontanen Reposition der Bruchenden zurückzuführen. Das Gewicht des Unterschenkels zieht das untere Frag-

— 29 —

ment leicht nach abwärts. Von einer eigentlichen Contraextension durch das Becken mit seinem Inhalte kann aber nur in den Fällen die Rede sein, wo das Gesäss die Unterlage nicht berührt. Dadurch aber wird die Wirkung der Contraextension fast ganz und gar auf die Kniekehle concentrirt, in welcher der ganze Oberkörper gleichsam hängt. Unterstützt man aber, um allzu grossen Druck auf die Kniekehle zu vermeiden, die Glutaealgegend der gesunden Seite, so sinkt die kranke bald tiefer herab, und es tritt durch Beckenverschiebung leicht Dislocation der Fracturenden ein. Liegt aber das Becken ganz auf, so wird jede Contraextension illusorisch, auch dann, wenn das Becken durch Binden oder Gurte auf der Unterlage befestigt wird.

Die extendirende Wirkung ist um so grösser, je steiler der Winkel im Kniegelenk ist, wodurch wiederum stärkerer Druck auf diese Gegend ausgeübt wird. Andererseits suchte man die ausdehnende Kraft durch Befestigung des Fusses an einem Fussbrett zu erhöhen, hierdurch aber wird die Gefahr des Druckbrandes am Fussrücken, Knöcheln etc. wieder erhöht. Auch bedingt die kräftigere Extension eine grössere Gegenausdehnung resp. Fixation des Beckens, wobei man von neuem auf die Fehler des Perinealbandes verfiel.

Als grossen Vorteil der doppelt geneigten Ebene gegenüber der gestreckten Lage hat man geltend gemacht, dass es bei Brüchen im oberen Schaftteile durch die Beugestellung im Hüftgelenk gelänge, das untere Fragment dem sich aufrichtenden oberen entgegen zu führen und so die Coaptation zu sichern. Dies kann aber nur durch sehr starke Flexion im Hüftgelenk erreicht werden, wofür die *Plan. incl.* nicht sorgen. Während nämlich bei der gestreckten Lage der Iliopsoas in der Axe des Oberschenkels wirkt, wirkt er bei mässiger Beugung rechtwinkelig zu dieser, wodurch seine nach aussen und oben dislocirende Kraft noch vermehrt wird. Aus diesem Umstand hat man wohl auch die bei den mit gebeugter Lage behandelten Fracturen häufiger vorkommende Heilung mit winkeliger Deformität zu erklären.

Auch bei Schenkelhalsbrüchen, wo die geneigte Ebene sehr häufig Anwendung fand, genügt sie durchaus nicht, die Coaptation zu erreichen, ja die Beugestellung wirkt geradezu nachteilig. Da nämlich das obere Fragment gar nicht nach vorn dislocirt ist, so muss, wie Bardeleben sagt, wenn nicht etwa die bestehende Einkeilung mehr zum Heile des Patienten wirkt als der Arzt, die vordere Fläche des unteren Fragmentes mit der Bruchfläche des oberen in Berührung und somit in möglichst unzweckmässige Stellung kommen.

Ausser den bereits angeführten Mängeln der doppelt geneigten Ebenen machen sich noch eine Reihe anderer Nachteile bemerkbar. Die gebeugte Lage wird dem Kranken auf die Dauer noch un-

erträglicher als die gestreckte, Druck auf die Kniekehle und die
abhängige Lage des Unterschenkels erzeugen Odeme dieser Teile,
wodurch die Entstehung des Decubitus befördert wird. Die nach-
teiligen Folgen der anhaltenden Ruhelage auf die Lungen und die
Muskulatur des Oberschenkels sind dieselben wie bei der gestreckten Lage.

Ankylotische Veränderungen im Kniegelenk, noch dazu in
flectirter Stellung, kamen ebenfalls häufig vor und erforderten noch
Monate lang eine Nachbehandlung.

Sorgfältige von Hamilton angestellte Messungen mehrerer
Hunderte von Femurfracturen haben ferner dargethan, dass die
durchschnittliche Verkürzung des Gliedes nach Behandlung in ge-
bogener Lage grösser ist als bei Behandlung durch Extension in
gestreckter Stellung der Extremität.

Aus all diesen Gründen sah man bald von der allgemeinen
Anwendung des *Planum inclinatum duplex* in der Therapie
der Oberschenkelbrüche ab. In Frankreich hat es bei der
Gegnerschaft der Desaultschen Schule und Malgaignes überhaupt sehr wenig Verbreitung gefunden. Schon in der Mitte der
Fünfziger Jahre empfiehlt Ravoth den Gebrauch der doppelt geneigten
Ebene nur noch als Vorkur. Bardeleben verwirft sie bei nicht
eingekeilten Schenkelhalsfracturen ganz und gar. Bei Brüchen im
oberen Drittel erkennt er ihr einen gewissen Wert zu, um aber
die Dislocation nach aussen zu beseitigen wünscht er sie in ab-
ducirter Stellung der Extremität anzulegen. In gleichem Falle
empfiehlt König ihre provisorische Anwendung, wie er den Gebrauch
der doppelt geneigten Ebene auch ausnahmsweise bei Brüchen im
unteren Drittel gestattet.

Gurlt zieht sie, ohne ihren Gebrauch zu empfehlen wenigstens
den alten Extensionsapparaten vor, Hamilton hingegen behauptet,
dass selbst diese bessere Heilresultate geliefert hätten als das
Plan. incl. duplex.

In neuester Zeit hat Kölliker eine Modification der doppelt
geneigten Ebene als äussere Winkelschiene aus Pappe für den Gebrauch
in der poliklinischen Praxis angegeben. Er bedient sich ihrer aber
nur bei Kindern in den ersten Lebensjahren, wenn aus rein äusser-
lichen Gründen auf die Anlegung der Heftpflasterextension ver-
zichtet werden muss. Die Schiene umfasst den äusseren Teil des
Beckens und reicht bis unterhalb des Knies. Der Winkel, in dem
das Becken fixirt ist, beträgt 135° und die Flexion hat den Zweck
das untere Fragment dem oberen entgegen zu führen.

Die Ansicht der jetzigen Chirurgen geht wohl im Allgemeinen
dahin, dass die doppelt geneigte Ebene in allen den Fällen Anwendung finden kann, wo das obere Fragment stark aufgerichtet
ist, jedoch nur als provisorisches Mittel, als Vorkur, vor dem
definitiven Verband.

Schweben.

Die Schweben sind eigentlich nur als eine Modification der doppelt geneigten Ebene anzusehen, welche hier im epi-oder hyponarthetischem Verband Anwendung findet. Von diesem Gesichtspunkt betrachtet sind sie als vordere und hintere Winkelschiene in die Therapie eingeführt worden, und lassen sich demgemäss in zwei Gruppen einteilen. Zu der einen gehören die Apparate von Löffler, Prael, Sauter, Hager Mojsisovics und Hennequin, zur anderen Gruppe die vorderen Schienen von N. Smith, Palmer, Hodgen und Beely's Gypshanfschienen.

Was die geschichtlichtliche Entwicklung, der schwebenden Verbände betrifft, so erwähnt schon Braunschweig bei der Therapie der Schenkelfracturen „Suspensoria, schwebend Gebänd" ohne auf ihre Anwendung näher einzugehen.

Ravaton beschrieb 1760 seinen aufhängbaren Blechstiefel, Posch 1774 sein schwebendes Fussbett, beide nur für die Behandlung von Unterschenkelfracturen bestimmt. Löffler scheint die Schwebe zuerst bei Oberschenkelbrüchen angewendet zu haben. Dann folgten die Veröffentlichungen von Braun, Prael, Faust und Schmidt, aber erst seit Sauters Bemühungen (1812) wurde sie allgemeiner bekannt. In Frankreich trat Mayor für die Schwebe ein und in Amerika construirte N. R. Smith 1825 eine solche, an deren Stelle er später seine vordere Schiene setzte. Mit Mojsisovics „Darstellung der „Aequilibral-Methode" 1840 gewann die Behandlung in schwebender Stellung einigen Einfluss auf die Therapie der Oberschenkelbrüche. Schliesslich veröffentlichte Hennequin 1877 in einer Monographie der Schenkelfracturen seine schwebende äusserst complicirte Extensionsschiene, die es ermöglicht durch Abduction des gestreckten Hüftgelenkes bei gleichzeitiger Beugung des Kniees, der Richtung des oberen Fragmentes nach aussen entgegen zu kommen.

Smiths vordere Schiene wurde 1865 von Palmer und Hodgen umgeändert, 1878 führte Beely die Gypshanfschienen als Schwebevorrichtung ein, nachdem schon früher Schönborn mit denselben Versuche angestellt hatte.

Die einfachsten Schweben sind die von Löffler und Sauter, sie gleichen vollkommen einer suspendirten, mit Fussbrett versehenen schiefen Ebene, deren Nachteile sie auch teilen. Der Vorteil der grösseren Freiheit in der Bewegung des Kranken, wird durch den Mangel einer sicheren Beckenfixation aufgewogen.

Während Löffler die Schienen bei seiner Suspension noch beibehielt, glaubte sie Sauter entbehren zu können. Er ersetzte sie durch sogenannte Leitungsbänder, welche in entgegengesetzter Richtung der Dislocation wirkten und an der Schwebe befestigt waren.

Bei Schenkelhalsbrüchen und schiefen Diaphysenfracturen verband er mit der Schwebe ausserdem noch eine Art Beckenhülse, die dasselbe seitlich und nach hinten genau einschloss und mit Becken- und Perinealbändern versehen war. Die Extension erzeugte er durch ein über den Fussrücken nach dem Fussbrett laufendes Extensionsband oder einen Extensionsstrumpf.

Die Schweben von Schmidt, Faust und Hager sind bedeutend complicirter und teuerer als die genannte, ohne irgendwelche weiteren Vorteile zu bieten.

Mojsisovics befestigte das Becken auf einer harten Matratze, beugte Knie- und Hüftgelenk rechtwinklig und legte den Unterschenkel in eine von dem senkrecht über dem Bett befindlichen Gerüste herabhängende breite Binde. Die Schnur der letzteren ging über zwei Rollen und trug an ihrem Ende ein Gewicht, welches also am Oberschenkel einen Zug nach oben übte. Unter- und Oberschenkel wurden durch eine Art hinterer Schiene verbunden. Um das Herausgleiten des Unterschenkels zu verhindern, wurde durch eine nach dem Bettende und etwas nach unten gehende Schlinge der Fuss fixirt. Der gesunde Fuss wurde in dieselbe Stellung gebracht und ebenfalls am Gerüste suspendirt.

Durch die starke Flexion im Hüftgelenk wird der auf das obere Fragment wirkende Iliopsoas ausser Thätigkeit gesetzt; die Beugung im Kniegelenk beseitigt die Einwirkung der zum Unterschenkel verlaufenden Flexoren und der Gastrocnemii auf das untere Bruchende. Das über die Rollen laufende Gewicht wirkt in der Axe des Oberschenkels, während der Rumpf durch seine eigene Schwere und Befestigung die Contraextension ausübte. Mojsisovics selbst beabsichtigte durch das angehängte Gewicht nur das Gleichgewicht der Lage herzustellen, weshalb er auch den Namen „Aequilibralmethode" gebrauchte.

Diese Methode ist von Middeldorpf und Bardeleben bei Schaftbrüchen, die grosse Neigung zur Aufrichtung zeigen empfohlen und mit gutem Erfolg angewendet worden.

Bei Schenkelhalsbrüchen hat Mojsisovics selbst schlechte Erfolge erzielt, da hier die flectirte Stellung die Coaptation im Allgemeinen nicht befördert.

Als Nachteil ist anzuführen, dass diese Methode bei unruhigen Kranken nicht genügend für die Fixation der Bruchenden sorgt. Ferner wird das Kniegelenk durch die Extension stark in Anspruch genommen und das über den Fussrücken geführte Band ruft leicht Druckbrand hervor.

Smiths vordere Schiene stellt einen mit Gaze überzogenen starken Drahtrahmen dar, welcher die Contouren einer doppelt geneigten Ebene hat und durch Rollbinden auf der im Knie- und Hüftgelenk gebeugten Extremität befestigt wird. In der Gegend der Bruchstelle und etwas oberhalb der Mitte des Unterschenkels ist ein die beiden Seitenteile des Rahmens verbindender Bogen angebracht, an dem die Extremität suspendirt werden kann. Je schräger die zur Suspension über eine Rolle gehende Schnur verläuft, desto kräftiger ist die Extension. Die Contraextension übt das Gewicht des Körpers aus, aber nur dann, wenn das obere etwas in die Höhe gebogene Stück der Schiene nicht durch Bindentouren mit dem Becken fest verbunden ist.

Palmer fügte noch eine vordere Schiene für die gesunde Extremität hinzu und verband beide oben durch einen hufeisenförmigen Streifen. Die Wirkung ist dieselbe wie die der vorigen.

Beely fertigte aus Hanffasern und Gyps eine plastische vordere Schiene an, die mit einem vorderen Beckenteil versehen bis zu den Zehenanfängen reicht. Sie umfasst das vordere Drittel des Umfanges der Extremität und wird mit Bindentouren an derselben befestigt. In der Mittellinie ist sie mit Drahtösen zum Aufhängen versehen, die Oesen am Unterschenkel stehen eher etwas nach aussen von der Medianlinie, um dadurch der Rotation nach dieser Seite entgegen zu wirken. Die Extremität ist im Hüft- und Kniegelenk leicht flectirt und steht durch Heftpflasterstreifen mit Vorrichtung zur Gewichtsextension in Verbindung, deren Belastung er allmählich von 3—8 kg steigert. Besondere Wichtigkeit legt Beely auf die Lagerung auf ein Wasserkissen oder nötigen Falles auf einen Strohsack, da hier die sich bildenden Wülste seitlich den Trochanter unterstützen, wodurch der Aussenrotation entgegen gewirkt wird.

Unter den 38 von Beely veröffentlichten und nach seiner Methode behandelten Schenkelfracturen befinden sich 25 Fracturen bei Kindern bis zu 15 Jahren, wobei auch andere Verbandsarten ebenso günstige Resultate liefern. Unter den 13 übrigen sind 8 Schenkelhalsbrüche, die auch günstig heilten.

Beelys Schiene bietet den Vorteil der Leichtigkeit, sie wiegt mit Ringen 1080 g. Ferner schmiegt sie sich wie die Guttaperchaschiene genau den Formen des Gliedes an, wodurch auch ohne Wattepolsterung der Decubitus vermieden wird. Ihre Anlegung aber erfordert grosse Sorgfalt und ziemliche Uebung.

Beelys Schienen werden in Deutschland noch öfters angewendet. Mojsisovics Methode wird wohl nicht mehr benutzt, leistet aber bei manchen Fracturen gewiss Gutes. Die anderen Arten der Schweben sind in der Therapie der Oberschenkelfracturen nicht mehr gebräuchlich.

Circulär erhärtende Verbände.

Die Versuche durch circulär erhärtende Verbände die Wirkung der Binden und Schienen zu ersetzen, datiren seit Lederan aus der Mitte des 17. Jahrhunderts. Larry folgte 1824 mit der Veröffentlichung seines inamovibilen Verbandes, der aus mit Eiweiss, Bleiessig und Kampfer getränkten Compressen hergestellt wurde und um das Glied gelegt ein schwerfälliges Mauerwerk darstellte. Um

3

dieselbe Zeit suchten Förster und Kluge aus feuchtem Sand eine Art Contentivverband zu verfertigen, während der geniale Dieffenbach Unterschenkelbrüche durch Gypsinfusion in eine Lade behandelte, und durch Anlegen von Gypsbinden die Klumpfussstellung corrigirte, ohne den grossen Wert dieser Verbandsmethode für die Fracturbehandlung zu erkennen. Practische Bedeutung für die Therapie der Oberschenkelbrüche gewann sie erst mit Seutins Appareil amovo-inamovibile 1834. Velpeau suchte diesen Stärkepappeverband durch Dextrin und Pappe, Langier durch mit Kleister bestrichene Papierstreifen zu ersetzen. Jedoch fanden alle diese Vorschläge bei den Zeitgenossen wenig Beachtung; man befand sich eben in der Zeit der Reaction gegen die Schienenverbände, als deren Abart man die genannten betrachtete.

Erst Mathysens Tracté du Bandage plâtré (1852) vermochte den circulären Verbänden Geltung zu verschaffen. Der Gypsverband, der wie Bardeleben sagt, alle Arten des permanenten Verbandes schnell überflügelte und wirklich als eine Wohlthat der Menschheit aufgefasst werden darf, fand nun während der nächsten zwanzig Jahre auch bei der Behandlung der Oberschenkelbrüche die ausgedehnteste Anwendung, sei es in Form der Mathysenschen Gysbinden oder als Gypsbrei wie ihn Pirogoff empfahl. Der Ersatz des Gypses durch Guttapercha, Kreide-Leim, und die kieselsaueren Verbindungen von Magnesium, Kalium und Natrium hat eine allgemeinere Verbreitung nicht gefunden.

Zur Beurteilung der Wirkungsweise des circulär erhärtenden Verbandes wird es genügen auf seine beiden Haupttypen, den Pappe-Stärkeverband und den Mathysenschen etwas näher einzugehen.

Seutin wickelte um das Glied nach vorgenommener Einrichtung eine lange Rollbinde, die Hüfte, Becken, Ober- und Unterschenkel nebst den Mittelfuss einschloss; dann folgte in gleicher Ausdehnung die erste Kleisterbinde auf die 3 aufgeweichte mit Kleister bestrichene Schienen aus Pappe zu liegen kamen, die gleichfalls mit klebenden Binden an der Extremität befestigt wurden, und das seitliche und vordere Becken in möglichst grosser Ausdehnung umschlossen. Um die Festigkeit des Verbandes zu erhöhen werden noch einige Kleisterbinden hinzugefügt, die als *Spica ascendens* für die Immobilisirung des Beckens Sorge tragen. Das Ganze wird nun noch mit Kleister bestrichen und schliesslich mit der Hand geglättet. Bis der Verband erhärtet ist, werden ausserdem mehrere Sicherheitsschienen daran befestigt, die bei eingetretenen Festwerden also nach 2—3 Tagen entfernt werden. Liegt keine andere Indication (Schmerz, starke Schwellung oder Blauwerden der frei gebliebenen Zehen) vor, so wird der Verband erst nach der völligen Erhärtung beiderseits aufgeschnitten, so dass man eine vordere und hintere Hohlschiene erhält, die genau den Abguss der Extremität darstellen. Dadurch soll es ermöglicht werden jeden Tag die Bruchstelle zu controliren und etwaigen Druck des Ver-

— 35 —

bandes durch Aufweichen der Bindentouren an den entsprechenden Stellen und Einlegen von Wattebäuschen zu verhüten. Durch gestärkte Scultetische Streifen werden die Papphülsen dann wieder vereinigt. Wird der Verband durch Atrophie des Gliedes zu weit, so füllt man den leeren Raum durch Watte aus. Um die Ankylose des Kniegelenkes zu verhüten, schneidet Seutin den Verband rund ums Gelenk auf, und macht passive Bewegung, und fixirt das Gelenk wieder durch Bindentouren. War der Verband vollkommen erhärtet, so liess er seine Patienten schon am 3. Tage aufstehen und auf Krücken umhergehen. Das verletzte Glied wurde zu diesem Zweck durch eine um die Fusssohle über den Nacken laufende lange Binde unterstützt. Nachdem noch eine dicke Sohle unter dem Schuh der gesunden Extremität befestigt war, konnte so das Glied mit Hilfe der Krücken im Hüftgelenk schwebend erhalten werden. Eine Extension durch die Schwere des Beines selbst beabsichtigte also Seutin mit diesem Principe d'ambulation nicht, sondern er will nur durch den Aufenthalt in freier Luft „auf gute Blutbereitung, vorteilhafte Consolidation des Callus und die Psyche des Kranken" einwirken. Seutins Verband wirkt gleichzeitig als Contentiv- und Extensionsverband. Als circulärer Verband übt er eine gleichmässig comprimirende Wirkung auf die Muskulatur aus und verhindert, indem er sich gleichmässig allen Unebenheiten des Gliedes genau anschmiegt ein erneutes Ausweichen der Knochenenden. Die Extension und Contraextension wird dadurch ausgeübt, dass er sich an alle vorspringenden oder gewölbten Teile der Extremität, also Fusssohle, Malleolen, die dicke Wadenmuskulatur, Knie und Condylen und oben an das Becken stützt. Dadurch wird Ausdehnung und Gegenausdehnung auf möglichst grosse Flächen und nicht wie z. B. bei Desaults-Extensionsschiene nur auf zwei entgegengesetzte Angriffspunkte verteilt. Ueber die Art der Ausdehnung sagt Seutin selbst: „Es ist keine wirkliche active Extension, sondern sie bleibt bis zu dem Augenblick passiv, wo die gebrochenen Stücke durch eine rückgängige Bewegung ihre fehlerhafte Stellung wieder einzunehmen drohen."

Mathysen bediente sich mehrerer Binden, in deren grossmaschiges Gewebe Gypspulver eingerieben wurde, und die nach kurzem Eintauchen in warmes Wasser entweder direkt auf die Haut oder die mit einer langen Rollbinde umwickelte Extremität gerollt wurden. Um das Ankleben der Haare an den Verband zu verhindern wurde bei direktem Auflegen der Binden die Haut mit Oel eingesalbt. Das Becken wurde zur Hälfte mit in den Verband eingeschlossen, der durch einige Bindentouren am gesunden Beckenteil noch befestigt wurde. Extension und Contraextension wurden bis zum Erhärten der Masse unterhalten. Hielt er stärkere Ausdehnung für nötig, so legte er zuerst die obere Hälfte des Verbandes an von der *Spina* bis 4 Querfinger über das Knie, dort wird er mit Wachstaffet bedeckt, damit der untere Teil nicht anklebt. Dann extendirt er stark und schneidet von dem unteren überragenden

3*

Teil soviel hinweg, dass sich die Ränder der oberen Kapsel an die der unteren stemmen. Durch eine Gypsbinde wird die Vereinigung hergestellt. Dieses Extensionsverfahren erscheint ungeeignet und die dadurch bedingte nachträgliche Verschiebung dürfte, wenn sich der Verband überhaupt ideal allen Ungleichheiten der Extremität angeschmiegt hätte, garnicht möglich sein. Ferner erfahren dadurch alle Erhabenheiten des Gliedes durch Druck eine Mehrbelastung während die Höhlungen als Gegenhalt verloren gehen. Auch wird ein Teil der extendirenden Kraft dazu benutzt, die stärkeren Partieen des Femurs in den nach unten sich trichterförmig verjüngenden Abschnitt des oberen Verbandes hineinzuzwängen. Diese Methode der Extension scheint auch in der Folgezeit wenig Nachahmung gefunden zu haben.

Während sich nun der Gypsverband, sei es als amovo-inamovibiler, wie ihn van der Loo empfahl oder als Dauerverband mit seltener Schnelligkeit in der Therapie der Oberschenkelbrüche Terrain eroberte, trat wenigstens in Deutschland Seutins Verband ganz in den Hintergrund. Als Nachteile des Pappverbandes hat man die geringere Festigkeit und das langsame Erhärten zu betrachten. Selbst das Anlegen von sog. Sicherheitsschienen, wie·es Seutin bis zum Erstarren des Kleisters empfahl, genügt oft nicht, den sich unter dem noch weichen Verband contrahirenden Muskeln, den nötigen Widerstand entgegen zu setzen, geschweige, die durch etwaige Bewegungen des Patienten hervorgerufene Dislocation der Bruchenden zu verhindern. Oft macht sich auch das Erweichen des Verbandes durch Schweiss und Excrete unangenehm bemerkbar, das zur Entwickelung von Fäulnissbacterien, ja Madenbildung führen kann, wodurch Hautreize gesetzt werden, die den Kranken arg belästigen.

Einen Vorteil aber besitzt der Seutinsche Verband gegenüber dem Gypsverband, nämlich den der grossen Leichtigkeit, was für seine Anwendung bei Oberschenkelbrüchen von Bedeutung ist.

Eine Zeit lang war es gebräuchlich, den Gypsverband sofort nach der Einrichtung anzulegen. Tritt nun eine nachträgliche Schwellung ein, so muss der Verband sofort abgenommen werden. Es setzt also diese Behandlungsweise eine. sehr sorgfältige Controle seitens des Arztes voraus, ist diese nicht vorhanden, so kann eventuell der Verlust des Gliedes durch Gangrän herbeigeführt werden und in der Litteratur sind eine ganze Anzahl derartiger Unglücksfälle bekannt geworden. Man suchte diese Gefahr zu umgehen, indem man bis zum Eintritt der grössten Schwellung wartete und in der Zwischenzeit durch Lagerungs- oder Extensionsapparate den Bruch behandelte, und dann erst den Gypsverband anlegte. Dann aber liegt der Verband nach der Abschwellung leicht zu lose an und gestattet eine Dislocation. Man ist also auch in diesem Falle gezwungen den Verband zu erneuern oder durch Eingiessen von Gypsbrei oder Einlegen von Wattebäuschen die entstandenen Hohlräume auszufüllen. Wird der Bruch bei dauernder Bettruhe behandelt, so stellt sich bald Atrophie der Muskulatur ein, wodurch ebenfalls der Verband gelockert wird. Diesem Uebelstand kann man einigermassen dadurch entgegenwirken, dass man dem Patienten, sobald es sein Kräftezustand erlaubt, aufzustehen und mit Krücken herumzulaufen gestattet. Früher, als man erstrebte die Heilung unter einem einzigen Dauerverband zu erreichen, waren die Resultate durch die entstandene hochgradige Muskelatrophie und die fast nie fehlende Steifigkeit im Kniegelenk wesentlich verschlechtert. Grosse Sorgfalt ist ferner auf die Polsterung aller dem Druck ausgesetzten Teile zu verwenden um die Entstehung des Decubitus zu verhindern, der sich dennoch manchmal nicht vermeiden lässt. Besonders zu beachten sind in dieser Beziehung Fussrücken, Achillessehne und die Malleolen, weshalb man auch empfohlen hat hier den Verband möglichst dünn herzustellen.

Die meisten Autoren empfehlen während der Anlegung des Gypsverbandes den Patient zu narkotisiren. Hamilton, der dabei einen Todesfall und einen Collaps erlebte, macht nicht mit Unrecht darauf aufmerksam, dass die Gefahr, welche in der Anwendung der Narkose liegt, in Betracht gezogen und als ein Nachteil dieser Behandlungsmethode geltend gemacht werden muss.

Mit Hülfe einer Beckenstütze und eines Flaschenzuges wird nun möglichst kräftig Extension und Contraextension ausgeübt. Um die Ausdehnung mittels Flaschenzug bequemer ausführen zu können legen manche Autoren das Fussstück des Verbandes schon 12—24 Stunden vorher an und befestigen an dem erhärteten Teil die Extensionsschlinge.

Um den Oberschenkel gut zu fixiren ist es nötig den Gypsverband abwärts bis zum *Metatarso-phalangeal*gelenk und aufwärts bis zur *Crista ilei* beiderseits zu führen, wobei er sich hinten oben an das gut gepolsterte *Tuber ossis ischii* stützt. Schliesst der Verband am Knie ab, so ist sowohl eine Rotation nach aussen als auch eine Verschiebung des unteren Fragmentes nach oben möglich. Erst wenn die Fusssohle mit in -den Verband eingeschlossen, wird die Gefahr der Rotation nach aussen beseitigt, gleichzeitig gewinnt man hiermit ein zuverlässiges Extensionsmittel, welches auch dann noch wirkt, wenn durch Atrophie die anderen Extensionspunkte nur unvollkommen Widerstand leisten.

Um eine ganz sichere Beckenfixirung zu erzielen schlägt König vor, auch einen Teil der gesunden Extremität mit in den Verband einzuschliessen.

Wünscht man den Verband zu verstärken, so werden zwischen die einzelnen Bindentouren Papp-Holz oder dünne Blechschienen eingefügt. Schliesslich wird die Oberfläche durch Streichen mit der Hand „polirt", wodurch das Abbröckeln des Gypses möglichst verhütet wird.

Der Gypsverband kann auch, wie Volkmann empfahl, in gebeugter Stellung des Hüft- und Kniegelenkes angewendet werden, wodurch die Angriffsflächen der Distraction wesentlich vergrössert werden. Jedoch bringt diese flectirte Stellung mancherlei Unbequemlichkeiten für den Kranken mit sich.

Die Urteile über den Gypsverband, der in den fünfziger und sechziger Jahren unterschiedslos bei fast allen Schenkelbrüchen angewendet wurde, lauten ungemein günstig. Ravoth erklärt: „Der Gypsverband macht alle anderen Verbandsarten vollständig überflüssig." Nach Gurlt entspricht er den Bedingungen einer vollständigen Extension und Contraextension am besten. Und Billroth äusserte: „Der circuläre Gypsverband entspricht allen Anforderungen in einer Weise, dass kaum eine Vervollkommnung möglich erscheint."

Bardeleben empfiehlt ihn bei allen Schaftfracturen mit Ausnahme solcher Schrägbrüche, die starke Neigung zur Dislocation zeigen. Mit Bruns hält er ihn contraindicirt bei starker Schwellung. Bei Schenkelhalsbrüchen legt er den Verband erst an, nachdem das Glied mit Heftpflasterextension oder einfacher Ruhelage behandelt wurde und lässt den Kranken umhergehen.

König und Bruns halten seine Anwendung bei Querbrüchen Erwachsener und bei Kindern für gerechtfertigt, bei Schrägbrüchen und Schenkelhalsbrüchen neigen sie mehr der Heftpflasterextension zu. Bei letzterer empfiehlt König anstatt des Gypses den viel leichteren Magnesit zu verwenden, da die Patienten beim Herumgehen weniger durch die Schwere des Verbandes zu leiden haben.

Hamilton kommt auf Grund einer vergleichenden Statistik zu dem Schluss: „Nach den von mir gemachten Erfahrungen, möchte ich den unbeweglichen Verband nicht als ein bei der Behandlung der Schenkelbrüche allgemein anzuwendendes Mittel empfehlen." Die in seiner Statistik angeführten Fälle ergaben bei der Gypsbehandlung durchschnittlich eine Verkürzung von $7/_8$ Zoll, die mit Bucks Extension behandelten eine solche von $3/_8$ Zoll. Ebenso sind die Fälle von Ankylose im Kniegelenk bei der ersteren Behandlungsweise ein relativ häufiges Ereignis, während sie bei letzterer fehlen.

Ferner hat man gefunden, dass sich der *Callus* unter Gypsverband langsamer entwickelt als unter dem Heftpflasterextensionsverband, da der Verlauf der Heilung ein zu reizloser ist. Auch wird durch den circulären Druck auf die Bruchenden die Blutzufuhr behindert und die Callusbildung zeigt sich öfter deform. Als Nachteil des Gypsverbandes hat man weiter hervorgehoben, dass er, wenn das Becken vollkommen in den Verband eingeschlossen ist, es den Patienten unmöglich macht, sich im Bett aufzurichten, ein Mangel, den auch die anderen circulär erhärtenden Verbände besitzen.

In neuerer Zeit ist denn auch der Gebrauch der circulär erhärtenden Verbände bei der Therapie der Oberschenkelbrüche wesentlich eingeschränkt worden.

Nicht anwendbar ist der Gypsverband in Fällen von Schrägbrüchen, die eine grosse Neigung zur Dislocation zeigen. Ferner
als erster Verband bei Schenkelhalsbrüchen alter Leute. Wird
der circulär erhärtende Verband hier als Spätverband zum Umhergehen verwendet, so ist es in den meisten Fällen besser die leichteren Verbände aus Guttapercha, Magnesit, Pappe-Kleister als den
Gypsverband zu wählen, wenn man es nicht vorzieht, einen der
später zu beschreibenden Gehapparate zu gebrauchen. Bei kleinen
Kindern wird durch die Anlegung des circulär erhärtenden Verbandes nicht mehr als durch den Hamiltonschen oder einen ähnlichen Contentivverband erreicht.

Mit Vorteil wird der genannte Verband aber bei allen
Querfracturen jüngerer Leute und im Mannesalter, ferner bei
Schrägfracturen mit geringer Neigung zur Dislocation auch bei
muskelkräftigen Individuen verwendet, da er den Kranken die
Möglichkeit gewährt nach einigen Tagen aufzustehen und so der
Atrophie des Gliedes entgegen zu wirken. Ferner muss durch Circum-
cision des Verbandes im Kniegelenk, um die Ankylose zu verhüten,
frühzeitig die Möglichkeit für passive Bewegungen gegeben werden.
Bei Brüchen in der Nähe des Kniegelenkes leistet ein amobiler
Gypsverband gute Dienste.

Schliesslich wäre noch der heilsamen Wirkung des Gypsverbandes zu gedenken, die er bei ausbrechendem *Delirium tremens*
ausübt. Durch keinen anderen Verband gelingt es in ähnlicher
Weise die Folgen der Unruhe des Patienten abzuschwächen. Ja,
ein rechtzeitig angelegter Gypsverband, der dem Kranken ausgiebige
Bewegung im Freien gestattet, kann den Eintritt des *Deliriums*,
der bei dauernder Bettruhe sicher erfolgen würde in vielen Fällen
überhaupt verhindern.

Die Heftpflasterextension.

Das Streben nach Verbesserung der alten Extensionsmethoden
führte amerikanischerseits zur Anwendung der Heftpflasterextension.

Eng verknüpft mit dieser Erfindung sind die Namen Gross,
Wallace und Swift. Aber erst die Publication von Crosby lenkte
die allgemeine Aufmerksamkeit auf dieses Verfahren. Besonders
verdient machte sich Gordon Buck um seine Verbreitung, während
in Deutschland diese Behandlungsmethode unter Volkmanns Aegide
schnell Einfluss gewann.

Hamilton, der ein eifriger Anhänger dieser Therapie ist, äussert
bei Besprechung der verschiedenen Methoden: „Unser erster Fortschritt in Bezug auf die Behandlung der Oberschenkelbrüche besteht
darin, dass wir Contraextension durch das Gewicht des Körpers
allein, einfach durch Erhöhen des Bettendes um 4—6 Zoll, auszuführen gelernt haben . . .“

„Der zweite Fortschritt ist die Ausführung der Extension
durch Anlegung von Heftpflaster, Gewichten und Flaschenzügen

ohne welche Dinge es nie möglich sein würde, das Gewicht des Körpers als ein Mittel der Contraextension mit Erfolg zu benutzen, und beim Gebrauch welcher Vorrichtung Excoriationen, Ulceration und Gangrän am Fuss mit Sicherheit vermieden werden." Die Anlegung des Heftpflasterextensionsverbandes geschieht ungefähr folgendermassen. Ein 5—6 cm breiter Heftpflasterstreifen ungefähr von der doppelten Länge der Extremität wird, während das Glied in der eingerichteten Stellung erhalten wird so seitlich an dieses angelegt, dass seine beiden freien Enden dem oberen Ende des unteren Fragmentes entsprechen, während die Mitte des Streifens einen Steigbügel unterhalb der Fusssohle bildet. Zur Sicherung der longitudinalen werden hoch über den Knöcheln und dem Knie noch einige übereinander liegende circuläre Streifen aufgeklebt, oder auch eine Flanellbinde darüber gewickelt. Um den Druck auf die Knöchel zu vermeiden wird die Heftpflasteransa durch ein Querholz auseinander gehalten. Knöchel, Achillessehne und Ferse müssen ausserdem durch Wattepolsterung gegen Druck geschützt werden. Weiter ist am Querholz ein Strick befestigt, der über eine Rolle am Bettende läuft und das extendirende Gewicht trägt. Um aber die Reibung zu vermindern, die bei dieser einfachen Extensionsweise zwischen Fuss und Unterlage stattfindet, bedient man sich zweckmässig eines der von Volkmann, Bruns oder Riedel angegebenen Schleifapparate, die mit einem Fussbrett versehen den Unterschenkel in Form einer Hohlschiene umfassend gleichzeitig die Rotation des unteren Fragmentes nach aussen verhindern.

Andere Autoren wie Hamilton legen die Heftpflasterstreifen nur bis ans Kniegelenk an, während Bardenheuer dieselben bis über die Bruchstelle hinaufführt. Um eine Hyperextension im Kniegelenk zu vermeiden ist es nötig, ein Rollkissen unter dasselbe zu schieben. Will man sich zur Contraextension der Körperschwere bedienen, so wird das untere Ende der Bettstatt durch einige Blöcke um ca. 4 Zoll erhöht oder die Extremität auf ein *Planum inclinatum simplex* gelagert, auf dem dann der Schleifapparat befestigt wird. Die dadurch bedingte Beugung im Hüftgelenk kann bei Aufrichtung des oberen Fragmentes wertvoll sein. Schede und Lentze gingen noch einen Schritt weiter indem sie die permanente Heftpflasterextension bei verticaler Suspension der ganzen Extremität empfahlen. Diese Art gestattet ziemlich freie Bewegung und ist bei Kindern sehr vorteilhaft.

Zur Contraextension bedienen sich Gurdon Buck und Volkmann eines dicken, elastischen Perinealschlauches an dem ein Seil befestigt ist, welches unter dem Kopfkissen des Patienten hingeht oben am Bettende über eine Rolle läuft und das Gewicht zur Gegenausdehnung trägt. Wird derselbe nach Volkmanns Vorschrift an der gesunden Beckenseite angelegt, so erreicht man dadurch Abductionsstellung der kranken Beckenhälfte, was bei Aussenstellung des oberen Fragmentes wichtig ist. In gleichem Falle kann auch durch die Renzsche Spreizlade Abductionsstellung erzielt werden. Natürlich kann man auch je nach der Indication Beugestellung und Abduction combiniren und ebenso die Extension, wenn nötig bei Flexion des Kniegelenkes vornehmen, wobei dann die Richtung der ausdehnenden Kraft in der Verlängerung der Axe des Oberschenkels liegt.

Die Grösse der extendirenden Gewichte wechselt naturgemäss bei jedem einzelnen Falle. Bei muskelkräftigen Leuten und bei starker Verkürzung und Neigung zur Dislocation wird man eine stärkere Belastung brauchen als bei schwächlichen Individuen oder solchen Brüchen, die sich leicht und dauernd reponiren lassen. Hamilton empfiehlt im Allgemeinen für jedes höhere Lebensjahr 1 Pfund zuzulegen bis zu dem zwanzigsten Jahre, wo also die durchschnittliche Belastung 10 kg betragen würde. Volkmann und Bardenheuer halten es für wichtig, gleich anfangs grosse Gewichte bis zu 15 kg anzuhängen und gehen später damit etwas zurück. Bei hochgradiger Verkürzung und muskulösen Leuten hält es Hamilton für gut die Gewichte anzuhängen, während der Patient für einige Minuten narkotisirt wird. Mitunter verursachen grössere Gewichte anfangs Schmerzen, hier kommt man zum Ziel, wenn man allmählig eine Mehrbelastung eintreten lässt. Bei Schenkelhalsbrüchen rät Hamilton nur die Hälfte des Gewichtes bei Erwachsenen, also ca. 10 Pfd. zu benutzen. Bei eingekeilten Formen muss die Belastung vorsichtig geschehen, damit durch die Extension die Einkeilung nicht etwa gelöst wird.

Zur Sicherung der Coaptation ist es öfter nötig, dem Verband noch einige Schienen hinzuzufügen. Hamilton gebraucht hierzu 4 Coaptationsschienen aus starkem, geformten Leder, die in Leinewand eingenäht und gut gepolstert werden. Die vordere Schiene reicht von der *Spina anterior* bis ½ Zoll über die Patella. die hintere vom *Tuber ischii* bis 2 Zoll unterhalb des Kniegelenks, die innere und äussere vom Perinäum resp. von oberhalb des *Troch. maj.* bis zu den Condylen. Letztere beiden gehen bei Brüchen im unteren Drittel gut gepolstert bis über das Kniegelenk hinaus. Diese 4 Schienen schliessen im Abstand von ½ Zoll von einander zusammengenäht, das Glied genau ein. Ausser bei Schenkelhalsbrüchen wendet sie H. in allen Fällen an. Zur Verhütung der etwaigen Aussenrotation legt er noch eine lange von 4 Zoll unterhalb der Axilla bis über den Fuss hinausgehende starke Seitenschiene an, die durch einige Bänder am Glied befestigt wird. Dadurch freilich wird es dem Patienten unmöglich gemacht. sich jederzeit im Bett aufzurichten, was der Fall ist. wenn man sich zur Vermeidung der Aussenrotation der erwähnten Schleifvorrichtung oder langer seitlich an die Extremität gelegter Sandkissen bedient.

In neuerer Zeit hat Bardenheuer die Methode der Heftpflasterextension bedeutend verfeinert. Ausgehend von dem Standpunkt, dass die Extension in der Hauptsache nur auf das untere Fragment wirkt, und das obere Fragment durch den Zug nur dann in gleicher Richtung beeinflusst wird, wenn das in grösserer Ausdehnung erhaltene Periost die Wirkung auf das obere Fragment überträgt, hält er diese Art der Extension nur für fähig die *Dislocatio ad longitudinem* zu beseitigen. Er fügt daher noch eine Querextension hinzu, die in sagitaler oder frontaler Richtung der *Dislocatio adaxin* entgegenwirkt. Eine Rotationsextension concentrisch zur Längsaxe des Femur wirkend, verhindert die Rotation nach aussen oder innen. Ferner sucht er noch durch Wechselwirkung der Extension eine Abhebelung der Gelenkenden der Fragmente zu bewirken, wodurch die Bruchstücke einander entgegengeführt werden. Dieses Verfahren, welches besonders bei Schräg- und Spiralbrüchen mit ausgedehnter Periostzerreissung empfohlen wird, ist so complicirt, dass es wohl nur in Krankenhäusern verwendet werden kann. In der Praxis wird man sich zur Erreichung desselben Zweckes der Flexion und Abduction im Hüftgelenk und der Coaptationsschienen neben der einfachen Heftpflasterextension bedienen müssen.

In dieser Art angewendet bietet sie den anderen Verbandsmethoden gegenüber mancherlei Vorteile. Sie gewährt dem Patienten die Möglichkeit einer freieren Bewegung im Bett, was besonders bei alten Leuten von grossem Vorteil ist. Da kein circulärer Druck ausgeübt wird, ist die Blutcirculation unbehindert, der Abfluss des Venenblutes und der Lymphe wird ferner durch die Lagerung der Extremität noch befördert. Trägt dieser Umstand schon zur schnelleren Callusbildung bei, so kann dieselbe durch frühzeitige Massage noch befördert werden, deren Vornahme der Heftpflasterextensionsverband ermöglicht. Und je rascher die Consolidation der Bruchenden eintritt, desto eher kann der Kranke aufstehen und so den Folgen einer längeren Bettruhe entgehen. Natürlich braucht man nicht einseitig auf die Heftpflasterextension bis zur vollkommenen Heilung zu bestehen, sondern man kann nach Ablauf einer gewissen Zeit, wenn keine Verschiebung der Bruchenden mehr zu fürchten ist. zu einer anderen Behandlungsmethode übergehen, die dem Kranken den Aufenthalt im Freien gestattet.

Die Heftpflasterextension ist diejenige Methode, welche augenblicklich in der Therapie der Oberschenkelbrüche die ausgedehnteste Anwendung findet. Unentbehrlich ist sie jedenfalls bei allen den Brüchen, die eine grössere Neigung zur Verkürzung aufweisen.[1]) Ob man sich bei Querbrüchen derselben bedienen will oder etwa einen andern Verband vorzieht, muss nach dem individuellen Fall beurteilt werden, jedenfalls kann auch hier eine Vorbehandlung mit der Heftpflasterextension nichts schaden, zumal sie das bequemste Mittel ist die Lage des Patienten zu sichern. In gleichem Sinne

---

[1]) Für diese Brücho genügt Extensionsverband allein nicht; man muss in jedem Falle nach drei Wochen den Verband entfernen, in Narkose die Fragmente genau adaptiren und dann gleichzeitig Schienen- uud Extensionsverband anlegen; ev. sind weitere Correcturen in späterer Zeit nöthig.   Ref.

kann man sie bei intra- und extracapsulären Schenkelhalsbrüchen in Anwendung ziehen, nur dass man hier eine geringere Belastung vornehmen und durch vorsichtige Polsterung die Gefahr des Decubitus zu vermeiden suchen wird.

Gehverbände.

In neuerer Zeit treten in der Therapie der Frakturen besonders zwei Bestrebungen hervor, deren Ziel dahin geht, die Heilungsdauer zu verkürzen und die functionellen Resultate der Behandlung zu verbessern. Bei den Oberschenkelbrüchen findet diese Absicht Ausdruck in der Einführung der Gehverbände und in der Anwendung electrischer Ströme, der Massage und der mechanischen Behandlung zur Bekämpfung der Muskelatrophie und der Ankylose, indem man auf die umgebenden Weichteile bei der Behandlung ebenso viel Rücksicht nimmt wie auf den gebrochenen Femur selbst.

Eine neue Methode der Therapie sind die Gehverbände eigentlich nicht, nur die angestrebte Verallgemeinerung ihrer Anwendung ist das Neue an dieser Methode.

Schon Cooper behandelte die intracapsulären Schenkelhalsfracturen, indem er riet den Kranken nach ca. 20 Tagen aufstehen und an Krücken umhergehen zu lassen. Das Auftreten mit der kranken Extremität wurde einfach durch eine dicke unter den gesunden Fuss geschobene Sohle vermieden. Cooper wünschte durch dieses Verfahren möglichst schnell die Abschleifung der Fragmentenden und eine mehr oder minder feste ligamentöse Vereinigung derselben herbeizuführen und schwächlichen Individuen über die Gefahr der Lungenhypostase und des Decubitus hinweg zu helfen.

Seutin stellte das Principe d'ambulation auf, hatte dabei aber nur die günstige Allgemeinwirkung des Umhergehens im Auge, ohne sich der Schwere des Gliedes zur Extension zu bedienen, deren Wirkung er durch das Nackenband aufhob. Am 3.—4. Tage, nachdem der Verband erhärtet war, liess er seine Patienten schon umhergehen. Dieses Princip scheint nicht viel Anklang gefunden zu haben, wenigstens warnt Szymanowsky vor seiner Anwendung beim Gypsverband, da man schon beim Kleisterverband schlechte Erfolge damit erzielt habe. Jedoch empfiehlt Hamilton schon Mitte der siebenziger Jahre bei Schaftfracturen die Kranken 3—4 Tage nach Anlegung des Gypsverbandes aufstehen zu lassen.

Auf einem anderen Gebiete der Chirurgie bedient man sich schon längere Zeit der portativen Extensionsapparate. nämlich bei der Nachbehandlung der Coxitis. Hierher gehören die Apparate von Davis, Sayre, Taylor und Wolf.

Auch bei der Therapie der Oberschenkelbrüche mit verzögerter Callusbildung oder bei Pseudarthrosen benutzte man ähnliche Apparate, wie sie Hudson, Volkmann und König angegeben haben.

Alle diese Apparate fügen sich mehr oder weniger genau nach der Form des Gliedes und sorgen durch Extension und Contraextension für möglichste Ruhestellung der Extremität. Beim Gehen übertragen sie den Stoss des Bodens durch die Schienen auf das *Tuber ischii* oder den Beckengurt.

In den siebenziger Jahren construirte Hessing in Göggingen einen sehr complicirten aber genau sitzenden Apparat, mit dem er Oberschenkelbrüche im Untergehen behandelte. Seit dieser Zeit sind nun eine ganze Reihe von Vorschlägen gemacht worden, die entweder auf dem Princip der circulär erhärtenden Verbände oder dem der Taylorschen Maschine beruhen, oder auch eine Combination beider Ideen darstellen.

Eine der ersten Veröffentlichung über diesen Gegenstand rührt von Dombrowsky (1881), der sich des Taylorschen oder Andrewsschen Apparates bediente, nachdem ein 20 tägige Extensionsbehandlung vorausgegangen war.

Smigrodski (91) vermied principiell den Gypsverband bei Oberschenkelbrüchen und verwendete den Watte-Stärkeverband, den er durch Papp- oder Blechschienen verstärkte. Am 5.—10. Tag liess er seine Patienten mit Hülfe einer Thomasschen Schiene umhergehen und begann sofort mit Bewegungen der Zehen. Er fand in seinen so behandelten Fällen nie Callushypertrophie, Pseudarthrose und Abmagerung des Gliedes. Die Heilungsdauer betrug nur den 5. Teil gegenüber der Brunschen Tabelle. Bei Weibern betrug sie anderthalbmal mehr als bei Männern, da erstere sich nicht entschliessen konnten, frühzeitig aufzustehen und so des günstigen Einflusses der Bewegung verlustig gingen.

Harbordt konstruirte eine innere Hohlschiene, die sich dem Ober- und Unterschenkel gut anschmiegt. Im Kniegelenk sind beide Schienen sowohl im Winkel als auch der Länge nach verstellbar, das untere Ende trägt eine ebenfalls verschiebliche Verlängerung, die das Fussbrett vertritt und winkelig gebogen die Sohle etwas überragt. Bei fortdauernder Extension mit dem Flaschenzuge wird die Hohlschiene an die Innenseite der gut gepolsterten Extremität angelegt und mit gestärkten Gazebinden, die auch das Becken umfassen, befestigt. Der Unterschenkel ist mit einem Schnürstrumpf versehen, dessen seitliche Fäden scharf angezogen am Fussstück geknüpft werden und so die permanente Extension unterhalten. Mit einer Sohle unter der gesunden Extremität gestattete er seinen Kranken schon am folgenden Tage das Umhergehen, und begann frühzeitig mit Massage und warmen Bädern. Mit dieser Behandlung erzielte er in 6 Fällen sehr gute Resultate.

Die Heusnersche Extensionsschiene besteht aus einer gut gepolsterten inneren und äusseren Schiene, die genau nach dem Modell des Gliedes angefertigt und im Knie und Fussgelenk beweglich sind. An der Aussenseite umfasst sie einen Teil des Beckens, ausserdem ist sie mit einem Sitzring und einer Stahlsohle versehen. Nach einer 2—3 tägigen Extensionsbehandlung mit grossen Gewichten (30 Pfd.) wird diese Maschine über den Oberschenkel geschoben.

Die Extension wird durch am Unterschenkel befestigte Heftpflaster-streifen, die zur Stahlsohle gehen, unterhalten. Der Sitzring stützt sich an das *Tuber ischii* und besorgt dadurch die Gegenausdehnung. Heusner erhielt mit diesem Verfahren 10 Heilungen ohne Verkürzung und functionelle Störungen, in 2 Fällen betrug die Verkürzung und functionelle Störungen, 1 cm resp. 2.5 cm.

In neuerer Zeit hat Krause die Gehverbände für die Therapie der Unterschenkelbrüche warm empfohlen. Frische Schenkelhals-fracturen behandelt er möglichst mit Heftpflasterextension, wenn aber die Bettruhe schädlich wirkt, so lässt er die Kranken in dem Volkmannschen Apparat tags über herumgehen, während nachts die Extension fortgesetzt wird.

Dieses Verfahren schlägt er stets ein bei älteren Schenkelhals-fracturen, die nicht zur knöchernen Vereinigung geführt haben. Gelingt es ihm in solchen Fällen nicht die Verkürzung bei geradstehendem Becken zu beseitigen, so legt er die gutsitzende Extensionsschiene bei abducirtem Becken an. Nachts setzt er auch in diesen Fällen die Extension noch Wochen lang fort. Der durch das Gehen be-dingte functionelle Reiz und die dadurch hervorgerufene bessere Ernährung bringen oft noch eine knöcherne oder wenigstens straffe ligamentöse Vereinigung der Knochenenden zu Stande.

Nägeli-Ackerblom tritt neuerdings wieder für die Verall-gemeinerung des ambulatorischen Gypsverbandes bei der Behandlung der Oberschenkelfracturen ein. Er legt denselben direkt auf die Haut, wie Hamilton in 2 Sitzungen, und legt von hinten her gegen das Tuber eine dicke Gypskompresse oder schliesst eine Schiene mit Halbsitzring in den Verband ein. Dieser Verband wird erst angelegt, nachdem eine circa 6 tägige Extensionsbehandlung voraus-gegangen und keine Verschiebung mehr zu fürchten ist. Nach 8—10 Tagen wird der Verband erneuert und Massage und passive Bewegung vorgenommen.

Bei dem bisher veröffentlichten statistischen Material über die Anwendung der Gehverbände bei den Oberschenkelbrüchen lässt sich ein definitives Urteil über ihre Brauchbarkeit noch nicht ab-geben. Das aber scheint sicher, dass ein frühzeitig angelegter leichter Gehverband besonders bei Schenkelhalsbrüchen alter Leute durch die Beseitigung der Gefahr der Pneumonie mitunter lebens-rettend wirken kann.

Litteratur.

Magni Hippokratis opera. Edit. Kühne.

Hippokratis Werke, übers. von Grimm. 1785.

Galeni opera omnia. Edit. Kühne.

Celsus, de medicina libri VIII.

Pauli Aeginetae medicina a Johanne Bernardo Feliciano Basileae. 1533.

Albucasis. Edilio Argentorati apud. Johannem Schottum. 1532.

Avicenna. Lib. VI. Fen. 5 Tract. 2.

Hieronymus von Braunschweig. Das Buch von der Chirurgia. Augsburg 1497.

Gersdorf, Feldbuch der Wundarzney. Strassburg 1540.

Felix Wurtz, Practica der Wundartzney. Basel 1612.

Fabricii Hildani opera. Francoforti 1682.

Thesaurus Chirurgiae, gesammelt von Uffenbach. Enthaltend die Schriften Paré, Tagault etc. 1610.

Sculletus, Wund- und arzeneysches Zeughaus. Frankforti 1679.

Laurentii Heisters Chirurgie. Nürnberg 1743.

Parcival Potts Werke. Berlin 1787.

Cooper Samuel, Handbuch. Weimar 1822.

Brünninghausen, über den Bruch des Schenkelbeinhalses. Würzburg 1789.

Richter, theoretisches und practisches Handbuch. 1825.

Sauter, Anweisung. Konstanz 1812.

Dzondi, Lehrbuch. Halle 1821.

Moj'sisovics, Darstellung der Aequilibralmethode etc. Wien 1842.

Malgaigne, Knochenbrüche. 1850.

Ravoth, Lehrbuch. 1856.

Gurlt, Handbuch. 1862.

Seutin, der abnehmbare unveränderliche Verband. 1851.

Mathysen, du Bandage plâtré. 1859.

Beely, die Behandlung der Fracturen mit Gypshanfschienen.

Volkmanus Sammlung klin. Vorträge Nr. 19.

Dombrowsky Xaver, Inaug.-Diss. Dorpat 1881.

Harbordt, Deutsche med. Wochenschr. 1889 Nr. 37.

Heusner,   „   „   „   1890 Nr. 38.

Krause,   „   „   „   1891 Nr. 13.

Kölliker, Centralblatt für Chirurgie 1891 Nr. 32.

Landerer   „   „   „   1891 Nr. 33.

Smigrodski,   „   „   „   1891 Nr. 21. (Referat).

Schulten, Deutsche Medizinalzeitung 1895. No. 4.

Ferner die Lehrbücher von König, 6. Aufl., Bardeleben, 8. Aufl., Hamilton, 5. Aufl.

www.ingramcontent.com/pod-product-compliance
Lightning Source LLC
Chambersburg PA
CBHW022027190326
41519CB00010B/1627